Katrin Voltmer/Hans-Dieter Klingemann
unter Mitarbeit von Hans Oswald und Klaus-Uwe Süß

Medienumwelt im Wandel

Katrin Voltmer
Hans-Dieter Klingemann

unter Mitarbeit von Hans Oswald
und Klaus-Uwe Süß

Medienumwelt im Wandel

Eine empirische Untersuchung zu den Auswirkungen des Kabelfernsehens im Kabelpilotprojekt Berlin

DUV DeutscherUniversitätsVerlag
GABLER · VIEWEG · WESTDEUTSCHER VERLAG

Die Deutsche Bibliothek — CIP-Einheitsaufnahme

Medienumwelt im Wandel : eine empirische Untersuchung zu den Auswirkungen des Kabelfernsehens im Kabelpilotprojekt Berlin / Katrin Voltmer ; Hans-Dieter Klingemann. Unter DUV, Dt. Univ.-Verl., 1993
(DUV : Sozialwissenschaft)

NE: Voltmer, Katrin

ISBN 978-3-663-05416-0 ISBN 978-3-663-05415-3 (eBook)
DOI 10.1007/978-3-663-05415-3

Der Deutsche Universitäts-Verlag ist ein Unternehmen der Verlagsgruppe Bertelsmann International.

Gedruckt auf chlorarm gebleichtem und säurefreiem Papier

INHALTSVERZEICHNIS

Einleitung 9

1 **Fragestellungen und Hypothesen der Begleitforschung** 11

2 **Das Kabelpilotprojekt Berlin** 15

a) Organisationsstruktur 15
b) Empfangsmöglichkeiten 17

3 **Das Untersuchungsdesign** 19

a) Grundstruktur der Untersuchungsanlage 19
b) Spezifikation des Untersuchungsdesigns 20

4 **Stichprobenziehung und Panelverlauf** 22

4.1 Die Stichprobe 22
a) Die Grundgesamtheiten 22
b) Die Dateien für die Stichprobenziehungen 22
c) Die Ziehung der Stichproben 24

4.2 Feldverlauf 29
4.2.1 Die erste Befragungswelle 29
a) Ausschöpfung der Stichproben 30
b) Merkmale der Gesamtstichprobe 32
c) Ausschöpfung und Merkmale der Familienstichprobe 35

4.2.2 Die Wiederholungsbefragungen 35

Untersuchungsergebnisse 45

5 **Zum methodischen Vorgehen** 47

a) Die Analysegruppen 47

	b) Statistische Verfahren	48
6	**Einstellungen zum Kabelfernsehen**	**53**
6.1	Akzeptanz	53
	a) Zustimmung und Gebrauchswert	53
	b) Orientierung an parteipolitischen Positionen	58
6.2	Bewertungskriterien: Programmvielfalt und Kosten	63
7	**Kabelfernsehen und Nutzungsgewohnheiten**	**74**
7.1	Allgemeine Fernsehdauer	74
7.1.1	Die Bedeutung der Lebenssituation	77
7.2	Nutzungsstile	84
8	**Kabelfernsehen und Freizeitgestaltung**	**94**
9	**Fernsehen und Familie**	**105**
9.1	Jugendlicher Fernsehkonsum	105
9.1.1	Veränderungen des Fernsehkonsums im Längsschnitt über drei Wellen 1986 - 1988	106
9.1.2	Zusammenhang mit den elterlichen Sehgewohnheiten	107
9.1.3	Zusammenhang mit Alter, Orientierung an Gleichaltrigen und Geschlecht	107
9.1.4	Zusammenhang mit Schichtzugehörigkeit und schulischer Aspiration	109
9.1.5	Zusammenhang mit der medienbezogenen Ausstattung des Haushalts	111
9.1.6	Zusammenhang mit der Akzeptanz des Kabelfernsehens	112
9.1.7	Der Prototyp des Vielsehers	112
9.2	Kabelanschluß, Fernsehhäufigkeit und Familienklima in 1316 Berliner Mehrpersonen-Haushalten	113
9.2.1	Zusammenhang zwischen Verkabelungsstatus und Familienklima	116
9.2.2	Zusammenhang zwischen Häufigkeit des Fernsehens und Familienklima	117

9.2.3 Regressionsmodelle zur Vorhersage des Familienklimas 119
9.2.4 Kontrollgruppenvergleich zur Wirkung des Kabelfernsehens 121

9.3 Wirkung des Fernsehkonsums auf das Familienklima in der Familienstichprobe 123

10 Kabelfernsehen und Politik: Die Nutzung des politischen Informationsangebotes 127

a) Nachrichtenanteil 129
b) Bedingungsfaktoren 131

Schlußbetrachtung 143

Tabellenverzeichnis 149

Literaturverzeichnis 153

Einleitung

Das Mediensystem der Bundesrepublik Deutschland - aber auch das der meisten anderen westlichen Länder - erfährt zur Zeit weitreichende technologische und ökonomische Veränderungen. Insbesondere im Bereich der elektronischen Medien ist es zu einem Wandel der strukturellen Rahmenbedingungen von Produktion und Distribution gekommen. Das Breitbandkabelsystem und die Satellitentechnik haben die aufgrund der Frequenzknappheit bestehenden Zulassungsrestriktionen für Anbieter aufgehoben. Gleichzeitig wurden medienpolitisch die Weichen für ein duales Rundfunksystem gestellt, das neben den öffentlich-rechtlichen Rundfunkanstalten auch private Veranstalter zuläßt. Die für die Mediennutzer wahrnehmbaren Folgen sind die Zunahme der Programmanbieter und ein um ein Vielfaches erweitertes Programmangebot.

Diese Veränderungen und ihre Auswirkungen auf Individuen und gesellschaftliche Prozesse wurden durch begleitende sozialwissenschaftliche Forschungsvorhaben beobachtet. Mit dem hier vorgelegten Band sollen die wichtigsten Ergebnisse dargestellt werden, die in dem Projekt "Akzeptanz und Wirkung des Kabelfernsehens" gewonnen wurden. Das Projekt wurde im Rahmen des Kabelpilotprojekts Berlin durchgeführt. Es wurde zunächst von der Medienkommission der Länder und nach deren Auflösung von der Deutschen Forschungsgemeinschaft, sowie von der Kommission für Forschung und wissenschaftlichen Nachwuchs (FNK) der Freien Universität Berlin gefördert. Ziel dieser Studie ist es, auf der Basis empirischer Untersuchungsmethoden die Nutzung eines erweiterten Programmangebots zu erfassen sowie Umfang und Richtung der sich daraus ergebenden möglichen Folgen auf individuelle Einstellungen und Verhaltensweisen einzuschätzen. Da der Berliner Modellversuch - nach denen in Ludwigshafen/Vorderpfalz, München und Dortmund - als letzter gestartet wurde, liegen von den anderen Pilotprojekten bereits Ergebnisse vor, zu denen die Befunde dieser Untersuchung in Beziehung gesetzt werden können.

Insgesamt - dies läßt sich an dieser Stelle bereits festhalten - konnten weder im Berliner Kabelpilotprojekt, noch in den anderen drei Versuchsgebieten in dem Maße auf das Kabelfernsehen zurückführbare Veränderungen beobachtet werden, wie dies anfänglich vermutet wurde. Die Diskrepanz zwischen vermuteten und beobachteten Auswirkungen der Kabelkommunikation ist u.a. darin begründet, daß die öffentliche Diskussion um die Zulassung privater Anbieter sich polarisiert hatte, so daß sowohl Befürworter als auch Gegner übertriebene Erwartungen formulierten. Es wurde aber auch von vereinfachenden Vorstellungen über den Kommunikationsprozeß ausgegangen. Weitreichende Vermutungen über das Einflußpotential einer Teilinnovation im System der Massenkommunikation ließen häufig außer acht, daß die Meinungsbildung der Individuen in einem differenzierten Prozeß individueller und gesellschaftlicher Erfahrungen erfolgt.

Die Begleitforschung hat dazu beigetragen, die Diskussion um Risiken und Chancen des Kabelfernsehens zu versachlichen, indem sie die vorgetragenen Argumente einer empirischen Überprüfung unterzog. Allerdings erlaubt der Zeitrahmen, in dem die Forschungsprojekte stattfanden, allenfalls eine schlaglichtartige Betrachtung der Anfangsphase eines Prozesses möglicher langfristiger Veränderungen. So konnten durch die in der Begleitforschung gewonnenen Befunde zwar eine Reihe wichtiger Fragen geklärt werden, sie verweisen aber auch auf die Notwendigkeit weiterführender Fragestellungen. Die Diskussion um die Konsequenzen neuer Kommunikations- und Informationstechnologien sollte deswegen mit dem Ende der Kabelpilotprojekte nicht abgebrochen werden, sondern weiterhin Gegenstand theoretischer und empirischer Bemühungen sein.

Die in der Berliner Begleitforschung erhobenen Daten stehen über das Zentralarchiv für empirische Sozialforschung, Köln, für Sekundäranalysen und Zeitvergleiche bereit.

1 Fragestellungen und Hypothesen der Begleitforschung

Der Begriff der Neuen Medien umfaßt ein breites Spektrum technischer Innovationen, die in sehr unterschiedlichen gesellschaftlichen Bereichen zum Einsatz kommen und dort die Lebensbedingungen der Menschen verändern. Das Neue Medium Kabelfernsehen, das Gegenstand dieser Untersuchung ist, ist nur ein Aspekt dieses Veränderungsprozesses, der durch einen enormen Entwicklungsschub im gesamten Bereich der Informations- und Kommunikationstechniken gekennzeichnet ist. Als Beispiele seien die Differenzierung und Vernetzung kommunikativer Verteilsysteme (ISDN, Satelliten), die neuen Dialogmöglichkeiten für den Benutzer (Bildschirmtext, Rückkanal) und die Kapazitätssteigerung von Speichersystemen (Datenbanken) genannt. Diese Entwicklungen sind mit einer Vielzahl unterschiedlicher Begleitprobleme gekoppelt, so der gesellschaftlichen Nutzbarmachung der Informationsflüsse und -bestände, des Datenschutzes, der Computerisierung der Arbeitswelt und der Mediatisierung zwischenmenschlicher Handlungssysteme (Mast 1987; Meier/Bonfadelli 1987).

Auch die Einführung des Kabelfernsehens hat Auswirkungen auf unterschiedlichen gesellschaftlichen Ebenen, in erster Linie natürlich auf das Mediensystem und dessen Funktionsbedingungen selbst, aber auch auf die Marktbedingungen der Medienwirtschaft und benachbarter Branchen. Die Frage nach möglichen Auswirkungen des Kabelfernsehens wird hier auf die Individuen in ihren jeweiligen sozialen Kontexten eingeschränkt. Diese Fragestellung ist deswegen von weitreichender Bedeutung, da angenommen werden kann, daß Veränderungen in den Freizeitgewohnheiten, den Unterhaltungsbedürfnissen, den Interaktionsweisen in der Familie und der politischen Informationsaufnahme der Bürger auch Rückwirkungen auf den gesamten Prozeß der gesellschaftlichen und politischen Kommunikation haben können.

Es stellt sich jedoch die Frage, was eigentlich neu ist am Neuen Medium Kabelfernsehen, wodurch solche Annahmen begründet sein könnten. Denn während es sich beim Fernsehen, ähnlich wie zuvor beim Hörfunk, zweifelsohne um die Einführung neuer Medien handelte, ist dem Kabelfernsehen diese Qualität häufig abgesprochen worden. Rundfunk und Fernsehen hatten die Struktur der gesellschaftlichen Kommunikation grundlegend verändert. Durch den Wechsel vom geschriebenen Text zum gesprochenen Wort und dann zu einer Kombination von gesprochenem Wort und bewegten Bildern sprachen diese Medien jeweils andere Wahrnehmungskanäle der Rezipienten an. Auf der Kommunikatorseite erforderten diese Kommunikationstechniken veränderte Produktions- und Darstellungsformen, die mit neuen Selektionsmechanismen einhergingen. Wenn das Medium die Botschaft ist (McLuhan 1964), dann hat sich durch Rundfunk und Fernsehen die Botschaft tatsächlich verändert. Neu in diesem Sinne, also in qualitativer Weise die Kommunikationsstruktur verändernd, sind die Neuen Medien sicherlich in den Bereichen, wo die bislang eindimensional vom Kommunikator zum Rezipienten verlaufende Massenkommunikation interaktiv wird und individualisierte Nutzungsweisen ermöglicht werden. Dagegen scheint der Neuigkeitsaspekt des Kabelfernsehens zunächst lediglich in einem verbesserten Verteil- und Übertragungssystem des bereits bestehenden Kommunikationsmittels Fernsehen zu liegen.

Dennoch sind hinsichtlich des Kabelfernsehens zwei spezifische Merkmale festzuhalten, die als Wirkungsfaktoren für eine mögliche Veränderung der Kommunikationsstrukturen gelten können, nämlich die Programmvermehrung und die Kommerzialisierung durch private Trägerschaft.

Ein größeres Programmangebot bietet den Nutzern vor allem mehr Auswahlmöglichkeiten, auch in spezialisierten Angebotsformen, und ermöglicht dadurch in höherem Maße die Befriedigung individueller Bedürfnisse. Da die Sendezeiten zudem auf den gesamten Tag ausgedehnt werden, kann das Fernsehen je nach individuellem Tagesablauf auch zu anderen Tageszeiten als, wie bisher, nur in den Abendstunden in Anspruch genommen werden. Diese Möglichkeit der Fernsehnutzung wird sicherlich auch in Zusammenhang mit der zunehmenden Flexibilisierung der Arbeitszeit an Bedeutung gewinnen.

Eine negative Folgeerscheinung der quantitativen und zeitlichen Ausweitung des Angebots wird in der wachsenden Omnipräsenz des Fernsehens gesehen, in deren Folge die Lebenswelt der Individuen schließlich von diesem Medium und seinen Bilderwelten dominiert wird.

Darüber hinaus kann es infolge der Programmvermehrung und -spezialisierung zu einem Verlust der integrativen Funktion des Fernsehens kommen. Die über Jahrzehnte auf drei Programme eingeschränkte Auswahlmöglichkeit hat, so wird vermutet, eine Basis kollektiv geteilten Wissens und gemeinsamer (medialer) Erfahrungen gewährleistet. Katz (1989) plädiert deswegen für starke nationale öffentliche Rundfunkanstalten als Gegengewicht für die zunehmende Segmentierung und Individualisierung der Gesellschaft.

Von einer Privatisierung und Kommerzialisierung im Mediensystem verspricht man sich neue Impulse in der Programmgestaltung. Die öffentlich-rechtlichen Sendeanstalten sind im Laufe der Jahre zu einem "unbeweglichen Tanker" geworden, durch einen übergroßen bürokratischen Apparat und ein starres System des Parteienproporz in ihrer Reaktionsfähigkeit eingeschränkt. Darüber hinaus sind sie aufgrund ihres vom Gesetzgeber definierten Programmauftrags verpflichtet, ein breites Spektrum von Inhalten und Programmformen abzudecken. Kommerzielle Anbieter können (und müssen) dagegen flexibler auf Programmwünsche der Zuschauer reagieren. Die Orientierung am Markt birgt aber auch Gefahren in sich. Da sich private Anbieter in erster Linie durch Werbeeinnahmen finanzieren, kann es dazu kommen, daß sich das Programm auf die Funktion eines günstigen Werbeumfeldes reduziert und ausschließlich nach dem Kriterium der Einschaltquoten gestaltet wird. Eine Trivialisierung des Angebots und die Vermeidung des Risikos, auch ungewöhnliche Themen oder künstlerische Verarbeitungsformen, die keine hohen Zuschauerzahlen garantieren, zur Darstellung zu bringen, wären die Folge.

Von der quantitativen und inhaltlichen Veränderung des Programmangebots werden Auswirkungen auf die Nutzungsgewohnheiten und die Realitätswahrnehmung der Rezipienten angenommen. Bei der Einschätzung, ob es durch das Kabelfernsehen zu einer Zunahme des Fernsehkonsums kommen würde, stehen sich Annahmen über die Verführbarkeit der Menschen oder deren Fähigkeit zu rationaler, den eigenen Bedürfnissen entsprechender Wahl gegenüber. Zwar scheint es nahezuliegen, daß ein vermehrtes Angebot mit einer vermehrten Nutzung einhergeht. Es hat sich aber bereits vor der Einführung des Kabelfernsehens gezeigt, daß beispielsweise in grenznahen Gebieten der Bundesrepublik, wo eine Vielzahl von Fernsehprogrammen empfangbar ist, die Sehdauer nicht höher liegt als dort, wo die üblichen drei Programme zu empfangen sind (Stolte 1979). Dies würde bedeuten, daß der Umfang der Fernsehnutzung weniger von den verfügbaren Programmen abhängig ist, als vielmehr von der Freizeitorientierung, den sozialen Beziehungen und der allgemeinen Lebenslage des Individuums.

Inhaltlich wird mit der Kommerzialisierung des Fernsehens eine weitere Expansion des Unterhaltungsangebots verknüpft. Insbesondere Kulturkritiker konstatieren eine wachsende Tendenz, individuell oder gesellschaftlich existentielle Sachverhalte vornehmlich unter dem Aspekt ihres Unterhaltungswertes wahrzunehmen (Postman 1985). Aber auch von Autoren, die kaum als Anhänger der These des allgemeinen Kulturzerfalls gelten können, wird zu bedenken gegeben, daß sich politische Akteure sowohl in der Wahl ihrer Strategien als auch in Zeitpunkt und Inhalt von Entscheidungen an die

Präsentationsmuster der Massenmedien anpassen (Kaase 1986a). Damit hat sich die Logik des politischen Prozesses verändert, und es bleibt zu prüfen, inwieweit auch die Politikbilder der Bürger davon betroffen sind.

Zieht man die Wirkungsfaktoren und Wirkungsmöglichkeiten des Kabelfernsehens, wie sie hier kurz dargestellt wurden, in Betracht, so wird deutlich, daß einfache Ergebnisse und Aussagen nicht zu erwarten sind. Ronneberger (1982) spricht deswegen von der "Ambivalenz der Medienwirkung". Bei der Einschätzung möglicher durch das Kabelfernsehen bewirkter Veränderungen müssen also die individuellen Bedürfnisse und Einstellungen sowie das soziale Umfeld der Rezipienten als Bedingungsfaktoren in Betracht gezogen werden.

2 Das Kabelpilotprojekt Berlin

a) *Organisationsstruktur*

Im Mai 1978 beschlossen die Ministerpräsidenten der Länder die Durchführung von vier Kabelpilotprojekten und schlugen als einen der Standorte Berlin vor. Das Kabelpilotprojekt Berlin startete am 28. August 1985. Die gesetzliche Grundlage stellt das am 17. Juli 1984 verabschiedete "Kabelpilotprojekt- und Versuchsgesetz für drahtlosen Rundfunk in Berlin" (KPPG) dar, das seitdem novelliert wurde und damit an in der praktischen Durchführung entstandene Defizite angepaßt wurde. Als Versuchsziele wurden in diesem Gesetz die Erprobung neuer Angebotsformen, die Entwicklung der technischen Möglichkeiten, die Darstellung der Meinungsvielfalt und die Erweiterung der Gestaltungsmöglichkeiten der Teilnehmer formuliert (§ 1 (3); zit. wie auch im folgenden nach Meyer/Schiwy/Schneider 1989).

Wie hoch die Erwartungen an die technische Realisierbarkeit und die Möglichkeiten neuer Kommunikationsformen war, spiegelt sich u.a. in dem von Wolfgang Langenbucher entwickelten umfangreichen Designplan wider, der vor allem die interaktiven Kommunikationstechnologien in den Mittelpunkt des Interesses stellte. Gerade dieser Bereich ist aber weit hinter den ursprünglichen Planungen zurückgeblieben. Heute stellen die über Breitbandkabelsystem verteilten privaten Fernsehprogramme den wichtigsten Teil des Modellversuchs dar.

Neben der Verbesserung und Erweiterung der Übertragungstechnologien bedeutete die Einführung des Kabelfernsehens aber vor allem eine Umstrukturierung der Rundfunkordnung, betraf also die Mechanismen, die Zugang, Kontrolle und Verteilung von Programmanbietern und Programmen regeln. Es konstituierte sich in der Bundesrepublik - seit dem Abschluß des Rundfunkstaatsvertrages vom April 1987 nicht mehr auf die Versuchsgebiete der Kabelpilotprojekte beschränkt - ein duales Rundfunksystem, in dem neben den öffentlich-rechtlichen Sendeanstalten, die öffentlich kontrolliert sind und nicht gewinnorientiert arbeiten, nun auch private Anbieter zugelassen sind. Während die öffentlich-rechtlichen Rundfunkanstalten zur Binnenpluralität verpflichtet sind, d.h. innerhalb ihres Programms alle wichtigen in der Gesellschaft vertretenen Meinungen und Strömungen präsentieren sollen, wird auf die privaten lediglich das Prinzip des Außenpluralismus angewendet, wonach durch die Gesamtheit der Einzelprogramme Pluralität hergestellt werden soll. Im Rundfunkstaatsvertrag wird davon ausgegangen, daß bereits durch drei bundesweit verbreitete Programme der

Anforderung der Meinungsvielfalt in ausreichendem Maße entsprochen wird (Art 8 (2)).

Mit der Umstrukturierung der Rundfunkordnung ergibt sich im Hinblick auf die neuen Privatsender zum einen das Problem, daß in einer Anfangsphase die Wettbewerbsfähigkeit gesichert werden muß, damit sie sich neben den etablierten öffentlich-rechtlichen Anstalten mit ihren umfangreichen technischen Produktionskapazitäten behaupten können. Zum anderen müssen Konzentrationsbestrebungen und damit die Herausbildung von Meinungsmacht verhindert werden. Es muß ferner sichergestellt werden, daß die Programmprodukte der Privatsender insgesamt dem Kriterium der Pluralität, den Grundsätzen des Grundgesetzes, den Anforderungen des Jugendschutzes und den Einschränkungen bezüglich der Ausstrahlung von Werbung genügen.

Um diesen Erfordernissen zu entsprechen, hat der Gesetzgeber im Berliner Kabelpilotprojekt drei organisatorische Säulen vorgesehen:

1. Die Projektgesellschaft für Kabelkommunikation.
   Dieses Organ ist privatwirtschaftlich als GmbH konstruiert. Die Projektgesellschaft ist für die organisatorische Durchführung des Kabelpilotprojektes zuständig und stellt in der von ihr betriebenen Kabelzentrale Sendetechnik und eine Studioeinrichtung zur Verfügung.
2. Die Anstalt für Kabelkommunikation.
   Sie ist laut KPPG (§ 12) das "öffentlich-rechtliche Dach" des Modellversuchs. Als staatsferne Aufsichtsbehörde wacht die Anstalt für Kabelkommunikation über die Einhaltung der Meinungsvielfalt und ist zuständig für die Lizenzvergabe. Diese Aufgaben werden durch den Kabelrat wahrgenommen (als detaillierte Analyse dieser Institution siehe Bartsch, 1991).
3. Die Projektkommission.
   Dieses Gremium ist ähnlich organisiert wie die Rundfunkräte der öffentlich-rechtlichen Sendeanstalten. In der Projektkommission sind die gesellschaftlich relevanten Gruppen vertreten. Sie beobachtet kritisch den Projektverlauf und entwickelt auf der Grundlage der in der Begleitforschung gewonnenen Erkenntnisse Vorschläge an den Gesetzgeber. Allerdings hat die Projektkommission lediglich Beratungsfunktion und keine Entscheidungskompetenz.

Eine eingehende Beurteilung der Organisationsstruktur des Berliner Kabelpilotprojektes und der Funktionsfähigkeit der einzelnen Organe kann hier nicht erfolgen. Festzuhalten ist jedoch, daß es trotz der Serviceleistungen der Projektgesellschaft für Kabelkommunikation nicht gelungen ist, kleineren, insbesondere lokalen Anbietern ausreichende Chancen einzuräumen, so daß sich vor allem Programmanbieter behaupten konnten, die bereits als finanzstarke Unternehmen auf den Markt traten. Ein Beispiel für diesen Prozeß ist die "Havelwelle", die lediglich 100 Tage lang sendete und die Kanalzuteilung zum 31.12.1985 bereits wieder verlor. Ein weiterer lokaler Anbieter, die "Arbeitsgemeinschaft Berliner Kabelvision", hat außer Testsendungen nie ein Programm ausgestrahlt. Die im Rahmen des Kabelpilotprojektes Dortmund durchgeführte Evaluationsstudie "Rundfunkaufsicht" kommt darüber hinaus nicht nur bei der Bewertung der Konzentrationsabwehr zu einem negativen Urteil, sondern auch hinsichtlich der Gewährleistung von Meinungsvielfalt: "Den Landesmedienanstalten in den meisten Bundesländern ... ist es weder gelungen, bei der Lizenzierung Meinungsvielfalt zu sichern und bei den tatsächlich gesendeten Programmen für publizistische Vielfalt zu sorgen, noch vermochten sie Konzentrationsentwicklungen zu verhindern". (Lange 1989, S. 275; siehe auch: Rundfunkaufsicht 1989).

b) Empfangsmöglichkeiten

Bei Beginn des Berliner Kabelpilotprojekts im August 1985 waren ca. 210.000 Wohneinheiten, d.h. etwa 20% aller Haushalte der Stadt bereits verkabelt. Aufgrund der Verkabelungspraxis der Post, von zunächst 15 Inselnetzen im Jahre 1985 ausgehend die Verkabelung voranzutreiben, war die Anschlußdichte jedoch regional deutlich unterschiedlich.

Die Deutsche Bundespost stellt das Kabelnetz bis zu sogenannten Übergabepunkten, von denen aus Grundstücke versorgt werden können, zur Verfügung. Auf Antrag der Eigentümer oder Bewohner können dann die jeweiligen Häuser an das Kabelnetz angeschlossen werden. Da in der Anfangsphase des Pilotprojekts die rechtliche Situation bei der Verkabelung großer Wohnanlagen noch ungeklärt war, war eine unproblematische Antragstellung zunächst nur bei Besitzern von Eigenheimen gegeben. Zwischenzeitlich hat die Kabel-Service GmbH die Vermarktung der Verkabelung hinter dem Übergabepunkt übernommen und damit für den einzelnen Kunden das Anschlußverfahren vereinfacht.

Die Kosten, die dem Rundfunkteilnehmer durch den Kabelanschluß entstehen, sind jeweils unterschiedlich hoch, da sowohl Anschlußkosten als auch monatliche Teilnahmegebühren für das gesamte angeschlossene Haus berechnet werden. Der zu erbringende finanzielle Aufwand variiert also im Einzelfall und dürfte sich aufgrund der Staffelung insbesondere für Bewohner großer Wohnanlagen in akzeptablem Rahmen bewegen. Seit

Beginn des Kabelpilotprojekts sind die Gebühren für den Kabelanschluß einige Male erhöht worden. Während die Anschlußkosten pro Haus zu Beginn der Untersuchung 500,- DM betrugen, belaufen sie sich seit Ende 1986 auf 675,- DM. Die monatliche Nutzungsgebühr wurde von zunächst 3,- DM Ende 1985 verdoppelt und liegt derzeit bei 9.- DM.

In Berlin waren im Untersuchungszeitraum ohne Kabelanschluß fünf bzw. acht Programme zu empfangen: ARD, ZDF, 3. Programm, 1. und 2. DDR-Programm; hinzu kommen die Sender der Alliierten AFN, BFBS und TV 5, die allerdings nur in den entsprechenden Stadtteilen oder mit Zusatzgeräten problemlos zu sehen sind. Wer 1985 verkabelt war, hatte die Möglichkeit, neben den auch über Antenne empfangbaren Programmen 12 weitere zu sehen. Da aber Programme, die auf Sonderkanälen liegen, nicht mit jedem Fernsehgerät empfangbar sind, konnte sich im Einzelfall die Anzahl der verfügbaren Programme verringern. Während des Projektverlaufs stellten einige Anbieter den Sendebetrieb ein, weitere kamen hinzu, in anderen Fällen kam es zu einer Umorganisation bestehender Sender. Eine wichtige Veränderung war insbesondere die Vergabe einer terrestrischen Frequenz an den Privatsender SAT1 ab Herbst 1987.

3 Das Untersuchungsdesign

a) *Grundstruktur der Untersuchungsanlage*

Das Design der Untersuchung zeichnet sich durch zwei zentrale Merkmale aus, nämlich die Konzipierung als Longitudinalstudie und als Quasi-Experiment.

Die Frage nach den Auswirkungen des Kabelfernsehens, dessen Programmstruktur und Programminhalte sich in der beschriebenen Weise von dem bisher verfügbaren Fernsehangebot unterscheiden (siehe Kapitel 1), ist vor allem eine Frage nach möglichen Einstellungs- und Verhaltensveränderungen der Nutzer. Die beste Methode zur Darstellung und Erklärung von Veränderung sind Panel-Untersuchungen, d.h. die wiederholte Beobachtung derselben Individuen mit denselben Meßinstrumenten. Während durch den Einsatz wiederholter Querschnittsbefragungen Veränderungen auf Aggregatebene (net change) dargestellt werden können, bieten Panel-Studien darüber hinaus die Möglichkeit, Aufschluß über Veränderungen auf der Individualebene (gross change) zu geben. Diese beiden Ebenen des Wandels müssen durchaus nicht identisch sein. Vielmehr hat sich immer wieder gezeigt, daß ein hohes Maß individueller Veränderungen mit Stabilität im Aggregat einhergehen kann (Kaase 1986b). Dies kommt u.a. dadurch zustande, daß Veränderungen der Einstellungen von Individuen in unterschiedlichen Richtungen stattfinden, so daß sich die Randverteilungen im Ergebnis wieder ausgleichen. Wiederholte Querschnittsbefragungen können deswegen Aufschluß über Strukturen von Einstellungsmustern geben, verdecken aber individuelle Veränderungsprozesse.

Die Prozesse individueller Veränderungen können bereits mit zwei Panelwellen dargestellt werden. Die Frage, ob es sich bei den beobachteten Veränderungen um Zufallsschwankungen oder um tatsächliche Einstellungs- und Verhaltensänderungen handelt, kann jedoch nur bei Vorliegen von drei Panelwellen beantwortet werden (Converse 1970; Markus 1979).

Paneluntersuchungen bergen aber auch spezifische Probleme in sich. Das wichtigste ist sicherlich die Panelmortalität, die zum einen durch normale Veränderungen in der Bevölkerung, wie z.B. Wegzug oder Tod, zustande kommt, zum anderen aber auch in der nachlassenden Bereitschaft der Panelteilnehmer begründet ist, sich wiederholt für eine Befragung zur Verfügung zu stellen. Da anzunehmen ist, daß sich diejenigen, die zu einer langfristigen Zusammenarbeit bereit sind, in spezifischer Weise von denen unterscheiden, die sich in den Folgeuntersuchungen nicht mehr befragen lassen wollen, sind die Ausfälle auf systematische Merkmale hin zu überprüfen, um mögliche Verzerrungen der Ergebnisse kontrollieren zu können.

Der Panel-Effekt ist eine weitere Schwierigkeit, die sich häufig bei Wiederholungsbefragungen einstellt. Die Befragten "lernen" aus den Interviews, so daß es mit der Zeit zu verzerrten Antworten kommen kann. Dies ist insbesondere dann der Fall, wenn das Zeitintervall zwischen den Befragungen kurz ist.

Das hier in Kombination mit der Längsschnittuntersuchung verwendete Verfahren des Quasi-Experiments ermöglicht es, die während des Untersuchungsverlaufs eingetretenen Veränderungen auf eine verursachende Variable zu beziehen. Dafür werden zwei Gruppen miteinander verglichen, wobei die Testgruppe definierten Bedingungen ausgesetzt ist, während die Kontrollgruppe dies nicht ist (Campbell/Stanley 1966). Durch die Einbeziehung einer Kontrollgruppe kann der Einfluß vielfältiger anderer einstellungs- und verhaltensverändernder Faktoren von der Wirkung der Kabelkommunikation isoliert werden. Im allgemeinen wird in Quasi-Experimenten zudem eine Nullmessung durchgeführt, d.h. die erste Panelwelle ist zeitlich vor der Einführung der Testbedingung angesetzt, so daß ein Vorher/Nachher-Vergleich möglich ist.

b) Spezifikation des Untersuchungsdesigns

Das Ziel dieser Untersuchung ist die Darstellung mittelfristiger Veränderungen der Fernsehnutzung, der Freizeitgewohnheiten, der Familieninteraktion und der politischen Einstellungen, die auf das Kabelfernsehen zurückgeführt werden können. Es erschien deswegen sinnvoll, die drei Panelwellen in einem Zeitintervall von jeweils einem Jahr durchzuführen, wodurch insgesamt eine Zeitspanne von zwei Jahren erfaßt wird. Es kann angenommen werden, daß in diesem Zeitraum kurzfristige Innovationseffekte wieder abgeklungen sind und die Tendenz möglicher dauerhafter Veränderungen bereits erkennbar ist.

Da der Zeitabstand jeweils genau ein Jahr war, fanden die Befragungen immer in den gleichen Monaten statt, so daß auf Jahreszeiteneffekte zurückzuführende Veränderungen ausgeschlossen werden können. Ferner dürften bei diesem Vorgehen die Panel-Effekte gering sein. Zwar kann die Kenntnis des zentralen Gegenstandes der Untersuchung eine Sensibilisierung gegenüber den entsprechenden Fragen bewirken (hier: Fernsehverhalten), es ist jedoch wenig wahrscheinlich, daß sich die Befragten nach einem Jahr an die Fragestellungen der Voruntersuchung erinnern und ihr Antwortverhalten darauf einstellen.

Als Testbedingung gilt hier die potentielle Verfügbarkeit des erweiterten Fernsehprogramms. Die Frage ist, ob in der Testgruppe während des Untersuchungszeitraumes signifikant größere oder andere Veränderungen zu beobachten sind als in der Kontrollgruppe und ob diese auf die Testbedingung, also das Kabelfernsehen zurückgeführt werden können. Die Beantwortung dieser Fragen erfordert nicht zwingend eine Nullmessung, sie kann auch sinnvoll ausschließlich durch den Vergleich von Test- und Kontrollgruppe geleistet werden (Plewis 1985, S. 31).

Die Zuweisung zu den beiden Untersuchungsgruppen erfolgte entsprechend dem Kriterium, ob die Befragten bereits an das Kabelnetz angeschlossen waren oder nicht. Da die Herstellung der Testbedingung in diesem Fall nicht von wissenschaftlicher Seite aus beeinflußt werden kann, war ein reines zufallgesteuertes Zuweisungsverfahren nicht möglich. Statt dessen wurde das quasi-experimentelle Design durch zwei voneinander unabhängige Stichproben realisiert, die jeweils die Bevölkerung in den verkabelten und in den nichtverkabelten Wohngebieten Berlins repräsentieren.

Der Untersuchungsinstrumente waren in allen drei Panelwellen identisch. Es wurden lediglich bei zwei Fragen, die sich auf die Nutzung der verfügbaren Kabelsender beziehen, Veränderungen in den Antwortvorgaben vorgenommen. Hier mußten einige Sender aus der Liste gestrichen werden, weil sie zwischenzeitlich ihren Betrieb eingestellt hatten oder nicht mehr in das Kabelnetz eingespeist wurden; neu hinzugekommene Sender mußten neu in die Liste aufgenommen werden. Um die Panelteilnehmer nicht unnötig zu belasten, wurde der Großteil der Sozialstatistik nur in der ersten Welle erfragt.

Zu erwähnen ist, daß durch die Vergabe einer terrestrischen Frequenz an SAT1 im Herbst 1987 die Versuchsbedingungen in der dritten Befragungswelle eingeschränkt wurden. Dadurch hatten nun auch Personen, die in nichtverkabelten Gebieten wohnten und entsprechend der Definition des Untersuchungsdesigns zur Kontrollgruppe gehörten, die Möglichkeit, einen Privatsender zu empfangen, der zudem neben RTL plus sehr beliebt ist und hohe Einschaltquoten erreicht.

4 Stichprobenziehung und Panelverlauf

4.1 Die Stichprobe

a) Die Grundgesamtheiten

Analyseeinheit der Untersuchung sind Personen mit folgenden Merkmalsgrenzen:

- 18 Jahre und älter
- deutsche Staatsangehörigkeit
- seit Frühjahr 1985 wohnhaft in Berlin (West)

Darüber hinaus werden Familien untersucht, die (mindestens) ein Kind im Alter von 12 bis 18 Jahren haben.

Im Rahmen der genannten Merkmalsgrenzen wurden zunächst zwei Grundgesamtheiten definiert, die sich hinsichtlich der Möglichkeit, das Kabelfernsehen empfangen zu können, unterscheiden:

1. die Bevölkerung in den nichtverkabelten Wohngebieten Berlins
2. die Bevölkerung in den verkabelten Wohngebieten Berlins

Für die Familienuntersuchung wurden hieraus zwei weitere Grundgesamtheiten definiert:

3. Familien, die in den nichtverkabelten Gebieten wohnen und (mindestens) ein Kind im Alter von 12 bis 18 Jahren haben
4. Familien, die in den verkabelten Gebieten wohnen und (mindestens) ein Kind im Alter von 12 bis 18 Jahren haben

Alle vier Grundgesamtheiten werden durch zufallsgesteuerte Stichproben repräsentiert. In Schaubild 1 ist die Struktur graphisch dargestellt.

b) Die Dateien für die Stichprobenziehungen

Für die Ziehung der Stichproben standen die folgenden drei Dateien zur Verfügung:

1. Einwohnermelderegister von Berlin (West)
   Das Einwohnermelderegister lag beim Landesamt für elektronische Datenverarbeitung (LED) in maschinenlesbarer Form vor und enthält Personennamen, Straßennamen und Hausnummer des Wohnhauses, ggf. den Namen des Hauptmieters und die Kennziffer des zuständigen Postzustellbezirkes.

Schaubild 1:

a) Gesamtmenge der erstbefragten erwachsenen Haushaltsmitglieder

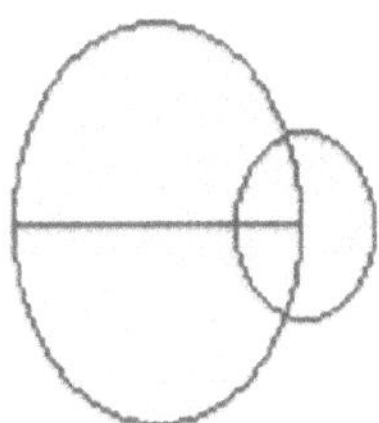

b) Repräsentative Stichprobe

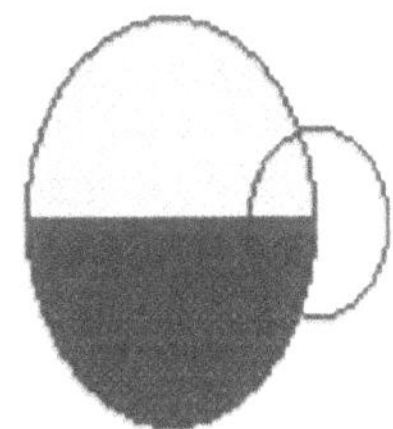

verkabelt
(Stichprobennummern 11, 12)

nichtverkabelt
(Stichprobennummern 21, 22)

c) Familienstichprobe

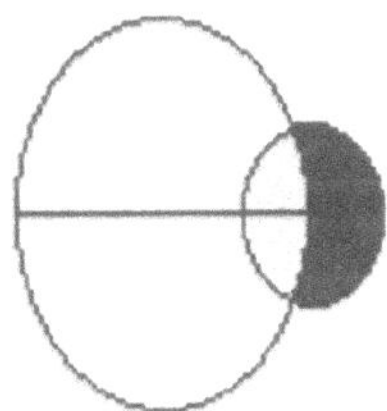

zusätzliche Eltern
(Stichprobennummern 31, 40)

aus repräsentativer Stichprobe

2. "Technische Liste" der Oberpostdirektion von Berlin (West)
   Die Technische Liste lag in gedruckter und in maschinenlesbarer Form vor. Sie gibt Auskunft darüber, ob ein Grundstück, das durch Straßennamen und Hausnummer gekennzeichnet ist, mit einem Kabelübergabepunkt ausgestattet ist oder nicht. Verfügt ein Grundstück über einen Kabelübergabepunkt, so sind die Bewohner des auf diesem Grundstück befindlichen Wohnhauses bzw. den Wohnhäusern prinzipiell in der Lage, das Kabelfernsehen zu empfangen.
3. Bereichsspezifische, kabelbezogene Karteien der vier Fernmeldeämter von Berlin (West)

Die bereichsspezifischen, kabelbezogenen Karteien der Fernmeldeämter waren nur teilweise einheitlich gestaltet und lagen nicht in maschinenlesbarer Form vor. Sie waren jedoch aktueller als die "Technische Liste", da die Fernmeldeämter als Antrags- und Durchführungsinstanz fungierten. Die bereichsspezifischen, kabelbezogenen Karteien der Fernmeldeämter enthalten Angaben über die Grundstücke, für die bereits ein Übergabepunkt eingerichtet wurde oder für die der Grundstückbesitzer einen Antrag auf Kabelanschluß gestellt hat, einschließlich Angaben über Straße und Hausnummer des Grundstücks, die Wohngebäude, die von dem Übergabepunkt mitversorgt werden können sowie die Zahl der gebührenpflichtigen Wohneinheiten (Haushalte).

c) Die Ziehung der Stichproben

Die **Stichprobe der Bevölkerung in den nichtverkabelten Wohngebieten** wurde unter Zuhilfenahme des Einwohnermelderegisters und der bereichsspezifischen, kabelbezogenen Karteien der Fernmeldeämter gezogen. Dabei wurde zunächst ohne Beachtung des Merkmals "Empfangsmöglichkeit des Kabelfernsehens" eine Personenstichprobe entsprechend den beschriebenen Merkmalsgrenzen gezogen. Diese gezogenen Personen sollten die Grundgesamtheit auch auf der Bezirksebene repräsentieren. Der Auswahlsatz, der sich auf die Bevölkerungsgröße der Berliner Bezirke bezieht, und die realisierte Stichprobe sind in Tabelle 4-1 dargestellt.

Diese Stichprobe enthielt allerdings auch Personen, die bereits das Kabelfernsehen empfangen konnten. Da diese aber nicht zu der angezielten Grundgesamtheit "Bevölkerung in den nichtverkabelten Wohngebieten" gehörten, mußten sie aus der gezogenen Stichprobe wieder gestrichen werden. Dies geschah unter Verwendung der Informationen aus den bereichsspezifischen,

TABELLE 4-1: Zufallsgesteuerte Personenstichprobe in Berlin (West): Vorgegebener Auswahlsatz und aus dem Einwohnermelderegister gezogene Personenadressen

Bezirk	Vorgegebener Auswahlsatz	Ausgewählte Personenadressen	
	%	%	N
Tiergarten	4.0	3.9	200
Wedding	6.6	6.4	330
Kreuzberg	5.8	5.8	297
Charlottenburg	8.8	9.8	503
Spandau	10.1	9.8	505
Wilmersdorf	7.5	7.3	375
Zehlendorf	5.2	5.1	260
Schöneberg	7.0	7.7	396
Steglitz	9.5	9.2	475
Tempelhof	9.2	9.0	460
Neukölln	13.9	13.6	695
Reinickendorf	12.4	12.4	640
Insgesamt	100.0	100.0	5136

TABELLE 4-2: Bevölkerungsstichprobe der nichtverkabelten Wohngebiete: Streichung der verkabelten Personen

BEZIRK	AUSGEWÄHLTE PERSONEN nichtverkabelt		AUSGEWÄHLTE PERSONEN gestrichen, da verkabeltes Gebiet		VERKABELUNGSDICHTE (Relation Verkabelte/ Nichtverkablte)
	%	N	%	N	%
Tiergarten	3.8	153	4.4	47	23.5
Wedding	7.1	288	3.9	42	12.7
Kreuzberg	6.1	247	4.7	50	17.2
Charlottenburg	8.0	331	16.1	172	34.2
Spandau	9.0	366	13.0	139	27.5
Wilmersdorf	6.5	265	10.3	110	29.3
Zehlendorf	4.9	198	5.8	62	23.8
Schöneberg	8.0	327	6.5	69	17.1
Steglitz	9.6	389	8.0	86	18.1
Tempelhof	10.1	409	4.8	51	11.1
Neukölln	14.9	607	8.2	88	12.6
Reinickendorf	12.0	487	14.3	153	23.9
Insgesamt	100	4067	100	1069	
Relation	79%		21%		

kabelbezogenen Karteien der Fernmeldeämter. Das Ergebnis der Streichungen ist in Tabelle 4-2 festgehalten.

Die sich durch dieses Verfahren ergebende Relation von Verkabelten und Nichtverkabelten entspricht derjenigen in der gesamten Berliner Bevölkerung im Sommer 1985, wenn man ca. 210.000 verkabelte Haushalte zugrundelegt.

Für die Untersuchung waren 1.000 realisierte Interviews in den nichtverkabelten Wohngebieten geplant. Da erfahrungsgemäß in Großstädten mit einem Ausschöpfungsgrad von etwa 50 % gerechnet werden kann, haben wir aus der Gesamtzahl von 4.067 Personenadressen zwei weitere Stichproben gezogen, und zwar eine Stichprobe, die die angezielten 1.000 Interviews enthielt, und eine weitere, gleichgroße Stichprobe, die als Reserve bereitstehen sollte. Es wurde die jeweils zweite Adresse gezogen, wobei die Zuteilung zum Ausgangsbrutto und zum Reservebrutto im Wechsel erfolgte. Das Ausgangsbrutto umfaßte 1.005 Personenadressen, das Reservebrutto 1.008 Personenadressen.

Für die Familienstichprobe konnten wir - bei einem Anteil an Familien mit Kindern zwischen 12 und 18 Jahren von etwa 9 Prozent an der Gesamtbevölkerung - aus der Nichtverkabeltenstichprobe ca. 90 Interviews erwarten, die den Merkmalen der Familienstichprobe genügen.

Für die Ziehung der **Stichprobe der Bevölkerung in den verkabelten Gebieten** wurde ein mehrstufiges Verfahren gewählt, bei dem auf alle drei der zur Verfügung stehenden Dateien zurückgegriffen werden mußte.

Der zunächst einfachste Weg, als Grundlage die "Gebührenkartei" - also eine Kartei derjenigen Personen, die für einen bereits installierten Kabelanschluß Nutzungsgebühren entrichten - zu wählen, scheiterte vor allem an datenschutzrechtlichen Einwänden. Außerdem enthielt die Gebührenkartei nur die kostenpflichtigen Hauseigentümer, also vielfach auch Verwaltungs- und Wohngesellschaften. Eine Stichprobe wäre also auf der Grundlage der Kooperationsbereitschaft dieser Gesellschaften erfolgt, was aber eine nicht kontrollierbare Selektion der Personen bedeutet hätte.

Als Ausgangspunkt für die Stichprobenziehung wurde die Technische Liste, die die Kabelübergabepunkte enthält, gewählt. Aus dieser Liste, deren Gesamtumfang Mitte des Jahres 1985 ca. 27.390 Übergabepunkte betrug, wurde - beginnend mit einer Zufallszahl - jede 15. Adresse gezogen. Die Übergabepunkte versorgen in einigen Fällen mehrere Grundstücke (bis zu 125) mit unterschiedlich großen Gebäuden. Deshalb wurden die ausgewählten 1.826 Grundstücksadressen unter Zuhilfenahme der bereichsspezifischen, kabelbezogenen Karteien der Fernmeldeämter daraufhin überprüft, wieviele Wohneinheiten durch den jeweiligen Übergabepunkt versorgt

TABELLE 4-3: Stichprobe der Grundstücke mit Kabelübergabepunkt: Zahl der angeschlossenen Wohneinheiten (Haushalte)

Anzahl der angeschlossenen Wohneinheiten: Klasseneinteilung	Anzahl der Grundstücke mit Übergabepunkt	Anzahl der angeschlossenen Wohneinheiten: insgesamt
0	491	0
1	997	997
2	114	228
3-9	81	410
10-49	122	2623
50-99	10	736
100 und mehr	11	3836
insgesamt	1826	8830

wurden. Die Zahl der angeschlossenen Wohneinheiten variierte zwischen 0 und 1.000. Tabelle 4-3 enthält eine Aufstellung der Grundstücke und Wohneinheiten der Verkabelten-Stichprobe.

In einem nächsten Schritt wurden anhand einer maschinenlesbaren Liste dieser Adressen vom LED diejenigen Personen ermittelt, die den eingangs erwähnten stichprobenrelevanten Merkmalen entsprachen. Aus dieser Gesamtheit wurden wiederum zwei Stichproben gezogen. Das Ausgangsbrutto und das Reservebrutto umfaßten beide jeweils 1.000 Personen.

Für die Familienuntersuchung waren - wie bei den Nichtverkabelten - etwa 90 Interviews mit Eltern mit Kindern im Alter zwischen 12 und 18 Jahren zu erwarten.

Im Hinblick auf die zu erwartenden Ausfälle während der zweijährigen Untersuchungsdauer war die Gesamtzahl von 180 Elterninterviews, was einer maximalen Anzahl von 180 Kinderinterviews und damit Untersuchungsdyaden entspricht, für sinnvolle statistische Analysen zu gering. Um dennoch einen methodisch ausreichenden Umfang an Elterninterviews zu erreichen, ermittelte das LED aus der Gesamtheit der Stichproben alle Familien mit den geforderten Merkmalen. Dies ergab zunächst 1.036 Familiennennungen. Hieraus wurden die Mehrfachnennungen (Familien mit mehreren Kindern) gestrichen, so daß die Adresse des jüngsten, also eines Kindes verblieb. Ferner wurden alle Familien gestrichen, von denen ein Erziehungsberechtigter bereits in der Stichprobe der Verkabelten enthalten war. Es verblieben 540 zusätzliche Adressen von Familien mit Kindern im Alter von 12 bis 18 Jahren. Da diese Zusatzstichprobe nicht aus der regulären Gesamtstichprobe stammt, erfüllt sie nicht deren Anspruch auf Repräsentativität.

4.2. Feldverlauf

4.2.1 Die erste Befragungswelle

Aus der Beschreibung der Stichprobenziehung ist ersichtlich, daß insbesondere bei der Realisierung der Stichprobe der verkabelten Bevölkerung erhebliche technische Schwierigkeiten zu bewältigen waren. Hier mußte auf mehrere Ausgangsdateien zurückgegriffen werden, da die Basisinformation über den Kabelanschluß lediglich Grundstücke auswies, die Untersuchungseinheit jedoch Personen in ausgewählten Haushalten sein sollten.

Hinzu kamen datenschutzrechtliche Komplikationen. Diese bestanden vor allem darin, daß bei der Stichprobenziehung der Verkabelten eine Übermittlung personenbezogener Daten zwischen verschiedenen öffentlichen Stellen notwendig war.

Es dauerte schließlich fünf Monate (!), bis es gelungen war, für diese Probleme eine Lösung zu finden, die sowohl vom Berliner Datenschutzbeauftragten als rechtlich unbedenklich angesehen wurde als auch den methodischen Anforderungen der empirischen Sozialforschung entsprach. Die erste Befragungswelle konnte endlich im Januar 1986 ins Feld gehen. Diese Verzögerung bedeutete allerdings, daß auf die ursprünglich geplante Nullerhebung, die spätestens im August 1985, also vor dem Sendebeginn der über das Kabelnetz verbreiteten Programme stattfinden sollte, verzichtet werden mußte. Es wurde aber bereits darauf hingewiesen, daß zur Bearbeitung der Fragestellung im Rahmen eines Quasi-Experiments eine Nullerhebung nicht zwingend erforderlich ist, wenngleich diese wertvolle zusätzliche Aufschlüsse ermöglicht.

a) *Ausschöpfung der Stichproben*

Die erreichte Ausschöpfungsquote der gezogenen Stichproben lag unter den angestrebten 50 %. In der Umfrageforschung ist in den letzten Jahren allgemein der Trend zu einer nachlassenden Bereitschaft, sich für Interviews zur Verfügung zu stellen, zu beobachten. Dies ist insbesondere bei der städtischen Bevölkerung der Fall. Zusätzlich mag die öffentliche Diskussion um den Datenschutz in Zusammenhang mit der Volkszählung zu Unsicherheit und Mißtrauen beigetragen haben.

Insgesamt, d.h. bei Zusammenfassung der Teilstichproben, lag die Ausschöpfungsquote bei 43,2 %, die Anzahl der durchgeführten Interviews betrug 1.732 (siehe Tabelle 4-4a). Die Ausschöpfungsquote in den Stichproben der verkabelten und der nichtverkabelten Bevölkerung, die sich jeweils aus einem Ausgangs- und einem Reservebrutto zusammensetzen, sind nahezu gleich hoch (Prozentpunktdifferenz 1,0).

Eine Überprüfung der Verteilungen der realisierten Stichprobe erbrachte, daß aufgrund der lückenhaften Dateien, auf die sich das Auswahlverfahren stützen mußte, der Bezirk Wilmersdorf unterrepräsentiert war. Dies wurde durch eine Nacherhebung ausgeglichen, durch die 146 zusätzliche Personen befragt werden konnten. Diese Fälle werden nur dann in die Auswertungen einbezogen, wenn verallgemeinerbare Aussagen über die Gesamtbevölkerung getroffen werden. Damit besteht die repräsentative Gesamtheit der ersten Welle aus N = 1878 Fällen.

TABELLE 4-4a: Ausschöpfung der Bruttostichprobe 1986

	Nichtverkabelte ...						Verkabelte ...						GESAMT	
	Gesamt-stichprobe		Ausgangs-stichprobe		Reserve-stichprobe		Gesamt-stichprobe		Ausgangs-stichprobe		Reserve-stichprobe			
	N	%	N	%	N	%	N	%	N	%	N	%	N	%
Adressen-brutto	2013	100	1005	100	1008	100	2000	100	1000	100	1000	100	4013	100
Ausfälle gesamt	**1158**	**57.5**	**533**	**53.0**	**625**	**62.0**	**1127**	**56.3**	**565**	**56.5**	**558**	**55.8**	**2285**	**56.9**
davon:														
- neutral	198	9.8	92	9.1	106	10.5	186	9.3	91	9.1	94	9.4	384	9.6
- sytematisch	960	47.7	441	43.9	519	51.5	941	47.0	474	47.4	464	46.4	1901	47.4
Durchgeführte Interviews	**855**	**42.5**	**472**	**47.0**	**383**	**38.0**	**877**	**43.7**	**435**	**43.5**	**442**	**44.2**	**1732**	**43.2**

Bei den Ausfällen wird zwischen stichprobenneutralen und systematischen unterschieden. Als stichprobenneutral werden die Fälle angesehen, die aufgrund demographischer Veränderungen aus der Untersuchung ausschieden, also unter der angegebenen Adresse nicht auffindbar, zwischenzeitlich verzogen oder verstorben waren. Systematische Ausfälle sind solche, in denen auch nach dreimaligem Kontaktversuch niemand zu erreichen war oder die angetroffene Person aus grundsätzlichen oder persönlichen Gründen (Zeitknappheit, Krankheit) die Teilnahme an der Befragung verweigerte. Auch hinsichtlich des Anteils der stichprobenneutralen und der systematischen Ausfälle unterscheiden sich die Stichproben der verkabelten und der nichtverkabelten Bevölkerung kaum voneinander (Prozentpunktdifferenz 0,4 und 0,6). Allerdings haben Personen aus dem Reservebrutto der Nichtverkabelten häufiger die Teilnahme am Interview verweigert, so daß es hier zu einem höheren Anteil an Ausfällen gekommen ist. Dieser Unterschied gleicht sich aber in der Gesamtheit der Verkabelten-Stichprobe wieder aus.

b) *Merkmale der Gesamtstichprobe*

Faßt man die beiden unabhängigen Stichproben zusammen, bilden diese eine Repräsentativstichprobe, die es erlaubt, für den ersten Befragungszeitpunkt Aussagen über die Gesamtheit der Berliner Bevölkerung zu treffen. Dafür ist jedoch ein Gewichtungsverfahren notwendig, da die Stichprobe der Verkabelten etwa den gleichen Umfang hat wie die der Nichtverkabelten. Infolgedessen beträgt in der Gesamtstichprobe das Verhältnis dieser beiden Gruppen etwa 50:50, während 1985 lediglich etwa 20 Prozent der Berliner Bevölkerung verkabelt waren. Durch das von uns verwendete Auswahlverfahren, das dazu führt, daß die Verkabelten überrepräsentiert sind, sollte sichergestellt werden, daß auch bei der zu erwartenden Panelmortalität während der zweijährigen Untersuchungsdauer in der Testgruppe ausreichend Fälle erhalten blieben, um statistische Analysen durchführen zu können. Mithilfe der Gewichtung wird das Verhältnis von Verkabelten zu Nichtverkabelten in der Untersuchungsgesamtheit dem in der Bevölkerung angeglichen. Bei der Berechnung des Gewichtungsfaktors wurden die Nichtverkabelten hochgewichtet und gleichzeitig wurde der unterschiedlichen Verkabelungsdichte in den zwölf Stadtbezirken Rechnung getragen.

Bei Querschnittsanalysen der ersten Welle wird mit einem gewichteten Datensatz gearbeitet, der damit als repräsentativ für die Gesamtheit der Berliner Bevölkerung gelten kann. Ziel von Längsschnittanalysen ist es hingegen, Stabilität und Veränderung von Einstellungen auf Individualebene zu untersuchen. Um Verzerrungen durch möglicherweise extreme Einzelfälle zu vermeiden und um das Signifikanzniveau nicht aufgrund hoher Grundgesamtheiten zu überschätzen, wird bei Längsschnittanalysen mit einem ungewichteten Datensatz gearbeitet. Da die in den Folgewellen befragten Personen nicht mehr durch ein zufallgesteuertes Auswahlverfahren in das Untersuchungssample gelangten, sind diese Ergebnisse, soweit es die zeitbezogenen Querschnitte betrifft, nur bedingt verallgemeinerbar.

Im folgenden soll anhand der wichtigsten soziodemographischen Merkmale überprüft werden, ob die realisierte Gesamtstichprobe der ersten Welle den Verteilungen in der Bevölkerung entspricht. Als Vergleichsgröße wird die Amtliche Statistik (Statistisches Jahrbuch 1988) herangezogen. Hier verwenden wir die aus der Volkszählung 1987 gewonnenen Daten, die zwar nicht zeitgleich mit der Umfrage erhoben wurden, aber eine höhere Genauigkeit aufweisen als die auf Fortschreibungen beruhenden Statistiken der Vorjahre. Da die Teilnahme an Umfragen im Unterschied zum amtlichen Zensus freiwillig erfolgt, kommt es hier im allgemeinen zu leichten Verschiebungen. Tabelle 4-5a gibt einen Überblick über die Ergebnisse der Gesamtstichprobe und der Amtlichen Statistik im Vergleich.

Das Verhältnis von Frauen und Männern in der Stichprobe bildet praktisch genau das der Gesamtbevölkerung ab.
Auch hinsichtlich des Merkmals Schulbildung zeigt sich eine sehr gute Übereinstimmung.

Dagegen sind in der Verteilung der Altersgruppen Unterschiede zu beobachten. Insbesondere die jüngeren und die älteren Personen sind in der Stichprobe unterrepräsentiert, während die mittlere Altersklasse der 40- bis 49jährigen um gut 5 Prozentpunkte häufiger vertreten ist als in der Bevölkerung. Methodenuntersuchungen (Hartmann 1990) zeigen, daß dies eine häufig zu beobachtende Verzerrung ist, da das Problem der Teilnahmeverweigerung und der Nichterreichbarkeit besonders bei den unteren und oberen Altersgruppen auftaucht.
Ferner gibt es auch bei dem Merkmal Familienstand leichte Abweichungen von den Volkszählungsergebnissen. Hier sind in der Stichprobe Verheiratete um etwa 5 Prozentpunkte überrepräsentiert.

Es kann also gesagt werden, daß nach diesen Parametern eine gute Stichprobenqualität erreicht werden konnte. Die soziodemographischen Merkmale stimmen weitgehend mit den entsprechenden Verteilungen in der gesamten Bevölkerung Berlins überein. Lediglich Personen mittleren Alters

TABELLE 4-5a: Bevölkerungsmerkmale: Stichprobe 1986 und Amtliche Statistik (Volkszählung 1987) (in %)

MERKMAL	STICHPROBE 1986[a]	AMTLICHE STATISTIK 1987
a) Geschlecht		
Frauen	53.4	53.5
Männer	46.6	46.5
b) Alter		
18 - 29 Jahre	16.5	22.5
30 - 39 "	20.0	17.5
40 - 49 "	24.7	19.3
50 - 59 "	13.5	13.4
60 - 69 "	11.7	10.1
70 und älter	13.6	17.2
(Missing values: 1.2%)		
c) Schulbildung[b]		
Volks-/Hauptschule	49.2	49.3
Realschule, Mittlere Reife, Fachschule	31.9	32.1
Abitur, Fachhochschulreife, Hochschule	18.9	18.8
(Missing values: 2.7%)		
d) Familienstand		
ledig	24.8	27.5
verheiratet	54.9	49.7
geschieden	9.1	9.7
verwitwet	11.2	13.2
(Missing values: 1.8%)		

a) Die Berechnungen beruhen auf einem gewichteten Datensatz.

b) Die amtliche Statistik beinhaltet auch 15 - 18jährige.

(30 - 39, 40 - 49 Jahre) und Verheiratete sind zulasten jüngerer und älterer Personen etwas überrepräsentiert.

c) *Ausschöpfung und Merkmale der Familienstichprobe*

Bei der Durchführung der Familienuntersuchung waren wir neben den bereits beschriebenen Problemen hinsichtlich der Ausschöpfungsquote mit einem weiteren konfrontiert: Für die Kinderbefragung mußten die zuvor befragten Erziehungsberechtigten ihre Erlaubnis zur Befragung des von uns ausgewählten Kindes erteilen. Hier gab es zusätzliche Ausfälle von Personen, die zwar selbst ein Interview gegeben hatten, jedoch nicht einwilligten, daß ihr Kind befragt wurde. Schließlich konnten die Kinder selbst noch verweigern. Tabelle 4-4b gibt eine Übersicht über die Ausschöpfung der Familienstichprobe.

Insgesamt konnten für die Familienstichprobe 126 Interviews mit Kindern aus der Repräsentativstichprobe und 188 aus der Zusatzstichprobe verwirklicht werden. Von diesen 314 Kindern wurden in 139 Fällen der Vater und in 175 Fällen die Mutter befragt. Damit standen 314 Eltern-Kind-Dyaden zur Verfügung.

Die Prüfung der Zusammensetzung der Kinder aus der Zusatzstichprobe hinsichtlich der Merkmale Geschlecht, Alter und soziale Schicht ergab im Vergleich mit den Kindern aus der Repräsentativstichprobe keine signifikanten Unterschiede (vgl. Tabelle 4-5b). Abweichungen in der Zusammensetzung der Repräsentativstichprobe einerseits und der Familienstichprobe andererseits sind darauf zurückzuführen, daß sich Eltern von Kindern im Alter von 12 bis 18 Jahren hinsichtlich der demographischen Merkmale von der gesamten erwachsenen Bevölkerung unterscheiden.

4.2.2 *Die Wiederholungsbefragungen*

Die Schwierigkeiten der Erreichbarkeit und der Teilnahmebereitschaft, die bei der Ausschöpfung der Bruttostichprobe auftreten, sind in noch ausgeprägterer Form bei Langzeituntersuchungen zu bewältigen. Hier führt zum einen die normale Mobilität und Mortalität in der Bevölkerung zur Reduktion der Grundgesamtheit; zum anderen aber gilt es, die Befragten zwei weitere Male für ein recht zeitaufwendiges Interview zu gewinnen. Erfahrungen bei Paneluntersuchungen zeigen, daß die meisten Ausfälle von der ersten zur zweiten Welle auftreten. In den weiteren Folgebefragungen ist dann im

TABELLE 4-4b: Ausschöpfung der Familienstichprobe (Kinderbefragung)

	Gesamt		aus Repräsentativ-stichprobe		aus Zusatz-stichprobe	
	N	%	N	%	N	%
Adressen-brutto	720		180		540	
Einwilligung erhalten	425		182		243	
Durchgeführte Interviews	314		126		188	
Ausschöpfung bezogen auf Netto		74		69		77
Ausschöpfung bezogen auf Brutto		44		70		35

TABELLE 4-5b: Merkmale der Familienstichprobe: Kinderinterviews nach Geschlecht, Alter und Schulbesuch (in Prozent)

MERKMAL	GESAMT	aus Repräsentativ-stichprobe	aus Zusatz-stichprobe
a) Geschlecht			
weiblich	50.3	49.2	51.1
männlich	49.7	50.8	48.9
b) Alter			
bis 13 Jahre	24.0	24.0	23.9
14 und 15 Jahre	36.1	36.8	35.6
16 und 17 Jahre	27.5	30.4	25.5
über 17 Jahre	12.5	8.8	14.9
c) Schulbesuch			
Grundschule	6.1	7.4	5.1
Hauptschule	5.7	8.3	3.8
Realschule	21.6	25.0	19.2
Gesamtschule	21.6	19.4	23.1
Gymnasium	45.1	39.8	48.7

allgemeinen mit einer deutlich niedrigeren Ausfallquote zu rechnen (Hansen 1982).

Einen ähnlichen Verlauf nahm auch die vorliegende Studie. In der zweiten Welle 1987 stellten sich 870 der 1732 Personen, die in der ersten Welle befragt worden waren, für ein zweites Interview zur Verfügung. 862 Personen, also 49,8 Prozent, waren zu einer weiteren Teilnahme nicht mehr bereit. 1988 konnten 615 Personen ein drittes Mal befragt werden. Die Ausfallquote von der zweiten zur dritten Welle betrug somit nur noch 29,3 Prozent. Insgesamt reduzierte sich die Ausgangsstichprobe im Untersuchungsverlauf um 64,5 Prozent. Diese vergleichsweise hohe Ausfallquote konnte auch durch verschiedene "Incentive-Maßnahmen" zwischen den Befragungszeitpunkten (Zusendung eines Geschenkpakets mit Nürnberger Lebkuchen zu Weihnachten an die Panelteilnehmer) und durch häufige Kontaktversuche zur Realisierung des Interviews nicht verhindert werden.

Da das Problem hoher Ausfallquoten - ähnlich wie das der niedrigen Stichprobenausschöpfung - kein Einzelfall ist, sondern auf einen Trend in der Umfrageforschung verweist, sind künftig weitergehende Anstrengungen erforderlich, um die Mitarbeit der Befragten zu erhöhen. Denn während einerseits das Interesse der Sozialforschung an Langzeituntersuchungen steigt, nimmt die Bereitschaft der Befragten zu langfristiger Mitarbeit ab. Kürzere Interviewzeiten, Left-Behind-Fragebögen und Telefoninterviews sind Möglichkeiten, die nachlassende Akzeptanz von Umfrageforschung abzufangen. Diese veränderten Befragungsformen werfen aber auch verschiedene methodische Probleme auf, so u.a. das der Reliabilität und der Vergleichbarkeit mit konventionell erhobenen Daten. Darüber hinaus ist zu erwägen, ob dem allgemein gestiegenen Bedürfnis der Bürger nach Partizipation auch seitens der empirischen Sozialforschung Rechnung getragen werden kann, indem die Befragten über die Ergebnisse, zu denen sie beigetragen haben, von den Forschungsgruppen informiert werden.

Tabelle 4-6 gibt einen Überblick über die zu den drei Untersuchungszeitpunkten durchgeführten Interviews sowie über die jeweiligen Ausfälle. Ferner wird dargestellt, wie sich Interviews und Ausfälle auf die beiden Stichproben der Verkabelten und der Nichtverkabelten verteilen. Von den Ausfällen bei der zweiten Welle entfiel ein etwas höherer Anteil auf die Nichtverkabelten, bei der dritten Welle waren mehr Ausfälle bei den Verkabelten festzustellen. Insgesamt verteilen sich also die Ausfälle gleichmäßig auf beide Untersuchungsgruppen (Prozentpunktdifferenz 1,2).

Die Personen, die, wie das Untersuchungsdesign es vorsieht, dreimal befragt wurden, bilden das Gesamtpanel und sind die Basis für die

TABELLE 4-6: Panelverlauf: Durchgeführte Interviews und Ausfälle

WELLE	BEFRAGTE insgesamt		davon: Nicht-verkabelt		Verkabelt		AUSFÄLLE insgesamt		davon: Nicht-verkabelt		Verkabelt	
	N	%	N	%	N	%	N	%	N	%	N	%
1: Anfang 1986	1732	100	855	49.4	877	50.6	-	-	-	--	-	
2: Anfang 1987	870	100	405	46.6	465	53.4	862	100	450	52.2	412	47.8
3: Anfang 1989	615	100	290	47.2	325	52.8	255	100	115	45.1	140	54.9
Gesamtpanel (% bezogen auf Ausgangs-stichprobe)	615	35.5	290	16.7	325	18.8	1117	64.5	565	50.6	552	49.4

Längsschnittanalyse. Die Zusammensetzung des Gesamtpanels beruht jedoch in einem schwer zu kontrollierenden Maße auf einer Selbstselektion der Befragten. So besteht die Gefahr, daß bestimmte Personengruppen überproportional häufig aus der Untersuchung aussteigen.

Anhand der soziodemographischen Merkmale, die bereits zur Evaluierung der Stichprobenqualität der ersten Welle herangezogen wurden, soll deswegen überprüft werden, ob es zu solchen systematischen Ausfällen gekommen ist. Aus Tabelle 4-7a geht hervor, wie hoch der Anteil an Ausfällen in den einzelnen Merkmalsgruppen ist und wie sich die Ausfälle jeweils auf die beiden Befragungswellen verteilen.

Es zeigt sich, daß Frauen und Männer in gleichen Anteilen aus der Untersuchung ausgeschieden sind. Auch im Vergleich der drei Bildungsgruppen finden sich nur geringe Unterschiede, wobei die Ausfallquote bei Personen mit Hauptschulabschluß um etwa 2 Prozentpunkte über und bei denen mit mittlerem und hohem formalen Bildungsgrad um etwa 2 Prozentpunkte unter dem Gesamtdurchschnitt liegt.

Zwischen den verschiedenen Altersgruppen sind gewisse, wenn auch nicht gravierende Unterschiede zu beobachten. So sind die 40- bis 49jährigen, die bereits in der Stichprobe 1986 um etwa 5 Prozentpunkte überrepräsentiert waren, am wenigsten aus dem Panel ausgeschieden. Bei der jüngeren Altersgruppe, die, gemessen an ihrem Anteil an der Gesamtbevölkerung, zunächst in etwas zu geringer Zahl vertreten war, ist es dagegen zu keiner weiteren überdurchschnittlichen Anzahl von Ausfällen gekommen. Dies ist jedoch bei Personen der beiden oberen Altersgruppen, insbesondere der über 70jährigen der Fall. Sie konnten in den meisten Fällen bereits in der zweiten Welle nicht mehr befragt werden.

Bei dem Merkmal Familienstand gab es ebenfalls etwas stärkere Unterschiede. Die Ausfallquote bei den Verheirateten war relativ niedrig. Die niedrigste Ausfallquote ist bei den Verwitweten zu beobachten, von denen lediglich 44 Prozent aus dem Panel ausschieden. Möglicherweise stellt für diese Personen, die in der Regel allein leben, ein Interview eine willkommene Kommunikationsgelegenheit dar. Zu einer hohen Anzahl von Ausfällen kam es dagegen bei Ledigen und Geschiedenen, die zwar meistens ebenfalls allein leben, jedoch, nicht zuletzt aufgrund von Berufstätigkeit, schwerer erreichbar und in soziale Bezüge eingebunden sind.

Insgesamt zeigt sich, daß sich die während des Untersuchungsverlaufs aufgetretenen Ausfälle weitgehend gleichmäßig auf die betrachteten Bevölkerungsmerkmale verteilen. Bei wenigen Subgruppen kam es zu deutlicheren Abweichungen, so bei sehr alten Personen und Verwitweten.

TABELLE 4-7a: Panelmortalität der Repräsentativstichprobe: Soziodemographische Merkmale (entsprechend den Angaben in der ersten Welle)

MERKMAL	GESAMT-STICHPROBE 1986		AUSFÄLLE insgesamt		davon: 2. Welle		3. Welle	
	N	%	N	%	N	%	N	%
insgesamt	1732	100	1172	64.5	862	77.2	225	22.8
a) Geschlecht								
Frauen	908	100	585	64.4	446	76.2	139	23.8
Männer	824	100	532	64.6	416	78.2	116	21.8
b) Alter								
18 - 29 Jahre	346	100	224	64.7	160	71.4	64	28.6
30 - 39 "	358	100	231	64.5	175	75.8	56	24.2
40 - 49 "	387	100	232	59.9	182	78.4	50	21.6
50 - 59 "	227	100	142	62.6	111	78.2	31	21.8
60 - 69 "	184	100	124	67.4	96	77.4	28	22.6
70 und älter	210	100	146	69.5	129	82.2	26	17.8
c) Schulbildung								
niedrig	794	100	525	66.1	406	77.3	119	22.7
mittel	539	100	336	62.3	265	78.9	71	21.1
hoch	354	100	221	62.4	162	73.3	59	26.7
d) Familienstand								
ledig	452	100	303	67.0	231	76.2	72	23.8
verheiratet	929	100	566	60.9	427	75.4	139	24.6
geschieden	142	100	99	69.7	71	71.7	28	28.3
verwitwet	181	100	80	44.2	56	70.0	24	30.0

Leichte Verschiebungen, die sich bereits bei der Stichprobenrealisierung ergeben hatten, wie z.B. hinsichtlich mittlerer Altersgruppen und Verheirateter, haben sich während des Panelverlaufs noch akzentuiert.

In der Familienstichprobe reduzierte sich die Zahl der befragten Kinder von 314 aus der ersten Welle auf 222 Kinder in der zweiten Welle und 192 Kinder in der dritten Welle. Da Eltern etwas zahlreicher verweigerten, sank die Zahl der Eltern-Kind-Dyaden von 314 in der ersten Welle auf 177 in der zweiten Welle und auf 121 Dyaden in der dritten Welle.

Die Zusammensetzung der Stichprobe nach Alter, Geschlecht und Schultyp unterscheidet sich von Befragungszeitpunkt zu Befragungszeitpunkt nicht signifikant (vgl. Tabelle 4-7b). Ebenso wenig veränderte sich der Anteil der befragten Väter und Mütter signifikant.

TABELLE 4-7b: Panelmortalität der Familienstichprobe nach Geschlecht, Alter und Schulbesuch der befragten Kinder (entsprechend den Angaben in der ersten Welle) und Mortalität der Eltern-Kind-Dyaden

	GESAMT 1986		AUSFÄLLE insgesamt		davon: 2. Welle		3. Welle	
	N	%	N	%	N	%	N	%
insgesamt	314	100	122	38.9	92	75.4	30	24.6
a) Geschlecht								
weiblich	159	100	59	37.1	42	71.2	17	28.8
männlich	155	100	63	40.6	50	79.4	13	20.6
b) Alter								
bis 13 Jahre	75	100	28	37.3	18	64.3	10	35.7
14 u. 15 Jahre	113	100	24	37.2	31	73.8	11	26.2
16 u. 17 Jahre	86	100	31	36.0	25	80.6	6	19.4
über 17 Jahre	39	100	20	51.3	17	85.0	3	15.0
ohne Angabe	1	100	1	100.0	1	100.0	-	-
c) Schulbesuch**								
Grundschule	16	100	16	100.0	15	93.8	1	6.3*
Hauptschule	15	100	13	86.7	9	69.2	4	30.8
Realschule	57	100	36	63.2	25	69.4	11	30.6
Gesamtschule	57	100	20	35.1	10	50.0	10	50.0
Gymnasium	119	100	46	38.7	29	63.0	17	37.0
andere	50	100	- 9	-18.0	- 4	-44.5	- 5	-55.5
Eltern-Kind-Dyaden	314	100	193	61.5	137	71.0	56	29.0

* = Rundungsfehler

** = In den Ausfällen spiegelt sich nicht nur die Panelmortalität, sondern auch altersbedingte Schulwechsel bzw. Schulende wider; letzteres erklärt die negativen Vorzeichen, d.h. die Zunahme in der letzten Zeile.

UNTERSUCHUNGSERGEBNISSE

5 Zum methodischen Vorgehen

a) Die Analysegruppen

Durch die beschriebene Vorgehensweise bei der Stichprobenziehung können zwei Befragtengruppen einander gegenübergestellt werden, die sich hinsichtlich der jeweils gegebenen Gelegenheitsstruktur, das Kabelfernsehen zu empfangen, unterscheiden. Die Tatsache, daß eine Person in einem Gebiet wohnt, in dem von der Post das Kabelnetz bereits verlegt wurde, besagt jedoch nicht notwendigerweise, daß diese Person auch tatsächlich die Programme des Kabelfernsehens nutzen kann. Dazu muß zusätzlich auch ein Wohnungsanschluß vorhanden sein.

Da das einem quasi-experimentellen Design zugrunde liegende Prinzip darin besteht, Personen, die einem bestimmten Stimulus ausgesetzt sind, mit Personen zu vergleichen, die das nicht sind, wurde für die Analyse bei der Zuordnung der Befragten zur Test- und Kontrollgruppe die tatsächliche Nutzung des Kabelfernsehens zugrunde gelegt. In diesem Sinne gilt demzufolge ein Befragter als verkabelt, wenn sowohl ein Haus- als auch ein Wohnungsanschluß vorhanden ist. Die Kabeltauglichkeit des Fernsehgeräts wurde bei der Zuordnung nicht berücksichtigt, da sich herausstellte, daß auch mit einem nicht-kabeltauglichen Gerät zumindest einige der neuen Programme empfangen werden können. Als Bedingungsfaktoren möglicher Effekte des Kabelfernsehens wurde also - unabhängig von der konkreten Anzahl der empfangenen Kanäle - ein erweitertes und von privaten Anbietern ausgestrahltes Programm angesehen, und nicht die bloße Gelegenheitsstruktur.

Die Testgruppe der Verkabelten besteht bei der Erstbefragung zum überwiegenden Teil aus Personen, die im verkabelten Gebiet wohnten und auch über einen Wohnungsanschluß verfügten (N = 571). Ferner werden auch diejenigen der Testgruppe zugeordnet, die zwar aus der Stichprobe der Nichtverkabelten stammten, aber angaben, an das Kabelnetz angeschlossen zu sein (N = 66). Der Grund für diese Diskongruenz ist darin zu sehen, daß die Dateien der Bundespost zum Teil veraltet oder fehlerhaft waren oder aber daß in der entsprechenden Straße zwischenzeitlich das Kabelnetz verlegt worden war.

Die Kontrollgruppe der Nichtverkabelten setzt sich ihrerseits vorwiegend aus Personen der Stichprobe aus den nichtverkabelten Wohngebieten zusammen, die entsprechend auch über keinen Kabelanschluß verfügten (N = 789). Erwartungsgemäß fanden sich aber auch Personen, die zwar in einem verkabelten Gebiet wohnten, sich aber (noch) nicht an das Kabelnetz angeschlossen hatten (N = 306). Dies sind immerhin 35 Prozent aus dem verkabelten Stichprobengebiet. Möglicherweise wurde von der Gelegenheit, das Kabelfernsehen zu nutzen, teils aus Unkenntnis, teils aus Kostengründen, aber auch aus Desinteresse oder grundsätzlicher Ablehnung kein Gebrauch gemacht. Wenn nicht anders angegeben, wird diese Personengruppe in der Analyse den Nichtverkabelten zugerechnet.

Tabelle 5-1 zeigt, wie sich die Befragten der beiden Stichprobengebiete entsprechend den beschriebenen Kriterien auf Test- und Kontrollgruppe verteilen.

Im Laufe der Untersuchungsdauer (siehe Tabelle 5-2) nahm die Gruppe der Verkabelten zu, da neue Wohngebiete von der Bundespost mit dem Kabelnetz versorgt wurden und dadurch zunächst nichtverkabelte Personen die Möglichkeit erhielten, sich anschließen zu lassen und dies auch taten. Außerdem hatten sich zwischenzeitlich auch von denen, die trotz bestehender Gelegenheit bei der Erstbefragung nicht verkabelt waren, einige entschlossen, die neuen Programme zu nutzen. Der Anteil derjenigen, die im verkabelten Stichprobengebiet keinen eigenen Wohnungsanschluß hatten, verringerte sich damit auf 21 Prozent.

Andererseits gab es aber auch eine kleine Anzahl von Personen, die die Kabelprogramme nicht mehr nutzten (N = 12 der 615 dreimal Befragten) oder wechselnde Angaben über ihre Empfangsmöglichkeit machten (N = 4).

Entsprechend dem Mover-Stayer-Modell (vgl. Plewis 1985) gibt es also zwei Gruppen, auf die die Testbedingungen während des Untersuchungsverlaufs unverändert zutreffen, nämlich die konstant Verkabelten (N = 216) und die konstant Nichtverkabelten (N = 297). Längsschnittanalysen, die die Auswirkungen des Kabelfernsehens zum Gegenstand haben, werden sich deswegen auf diese Befragten stützen. Diejenigen, bei denen sich die Nutzungssituation in der einen oder anderen Richtung verändert hat, bilden eine relativ kleine Gruppe (N = 102), die nur, wenn dies ausdrücklich vermerkt ist, in die Analyse mit einbezogen wird.

b) Statistische Verfahren

Die empirische Analyse erfolgt in der Regel in zwei Schritten. Zunächst werden die Zusammenhänge in einer Querschnittsanalyse für die erste Befragungswelle 1986 untersucht. Diese Ergebnisse sind verallgemeinerbar auf die repräsentierte Bevölkerung Berlins (West).

TABELLE 5-1: Analysegruppen und Stichprobengebiete, 1986*)

	Testgruppe: Verkabelte		Kontrollgruppe:		Gesamt Nichtverkabelte	
	N	%	N	%	N	%
Verkabeltes Gebiet:	571	11.0	306	5.9	877	16.9
Nichtverkabeltes Gebiet:	66	6.6	789	76.5	855	83.1
Gesamt	637	17.6	1095	82.4	1732	100.0

*) Die Prozentwerte sind gewichtet und beziehen sich auf die Gesamtheit der Befragten.

TABELLE 5-2: Analysegruppen des Gesamtpanels

GRUPPE	N der dreimal Befragten		ungewichtet %	
Konstant Verkabelt	216		35.1	
Konstant Nichtverkabelt	297		48.3	
Neu Verkabelt	86		14.0	
nach Erstbefragung		54		8.7
nach Zweitbefragung		32		5.3
Aussteiger, Wechsler	16		2.6	
Gesamt	615		100.0	

In einem nächsten Schritt erfolgt die Analyse von Stabilität und Veränderung im Zeitverlauf. Übergangstabellen, Differenzberechnungen und Mittelwertvergleiche sind Möglichkeiten, die Unterschiede zwischen den Meßzeitpunkten und zwischen den Analysegruppen zu beschreiben.

Darüber hinaus wird ein auf Regressionsmodellen beruhendes konditionales Vorgehen gewählt, um möglicherweise zu kausalen Aussagen zu kommen.[1] Die Basisannahme dabei ist, daß im Zeitverlauf die Varianz in x (t_2, t_3) vor allem durch das zeitlich vorangehende x (t_1, t_2) bestimmt wird. Ein weiterer Bestandteil dieses Grundmodells ist die Zugehörigkeit zu einer der beiden Analysegruppen. Veränderungen im Zeitverlauf können demzufolge durch ein Set rekursiver Gleichungen spezifiziert werden, die für eine Variable x mit drei Meßzeitpunkten und den Gruppenvergleich folgende Form haben:

$$x\text{-}t_2 = \alpha + \beta z + \beta x\text{-}t_1 + \varepsilon_1$$
$$x\text{-}t_3 = \alpha + \beta z + \beta x\text{-}t_2 + \varepsilon_2$$

Die Befragungswelle wird durch $t_{(1,2,3)}$ hinter den Parametern bezeichnet. Die Variable z ist eine Dummy-Variable, die die beiden Untersuchungsgruppen definiert, wobei den Nichtverkabelten als Kontrollgruppe der Wert 0 zugewiesen wird, den Verkabelten als Testgruppe der Wert 1. Der Parameter ßz kann als der Anteil der Varianz in $x\text{-}t_{(2,3)}$ interpretiert werden, der auf den Einfluß des Treatments (Kabelfernsehen) zurückführbar ist. Der Parameter $\beta x\text{-}t_{(1,2)}$ bezeichnet die durch vorangegangene Meßzeitpunkte bestimmte Varianz. Dieses Grundmodell kann um weitere erklärende Variablen erweitert werden. In der Tabellenpräsentation werden zuerst die Ergebnisse des durch die beiden beschriebenen Gleichungen spezifizierten Grundmodells vorgestellt, darunter die eines erweiterten Modells.

Auch wenn die Anwendung linearer Verfahren für die Längsschnittanalyse den Vorteil bietet, unter Einbeziehung der Gruppenvariablen zu kausalen Schlußfolgerungen zu kommen, müssen doch auch die durch die Modellannahmen gegebenen Restriktionen dieses Vorgehens bei der Betrachtung der Ergebnisse im Auge behalten werden. So können bestehende Zusammenhänge deutlich von dem linearen Modell abweichen, so daß sie in den ermittelten Werten nicht wiedergegeben werden. Ein weiteres Problem

---

1 Die Schlußfolgerung auf kausale Beziehungen im Rahmen von Paneluntersuchungen wird allerdings auch von einigen Autoren in Frage gestellt (vgl. Faulbaum 1988).

von Regressionsmodellen besteht in der möglichen Multikollinearität der unabhängigen Variablen.

Bei der Festlegung des Signifikanzniveaus wird folgendermaßen verfahren: Für die Querschnittsanalyse der Repräsentativbefragung gilt das allgemein übliche Limit von < .01 bzw. < .05. Da sich in den Längsschnittanalysen die Anzahl der Untersuchungseinheiten stark reduzieren kann, wird hier in einigen angegebenen Fällen das Kriterium gelockert und das Limit auf <.05 bzw. <.10 festgelegt.

Schließlich ist zu erwähnen, daß alle für die Analyse verwendeten Variablen in der Weise aufgebaut sind, daß niedrige und negative Kategorien sowie "linke" Positionen den niedrigen Skalenwert erhalten, so daß die Interpretation des Vorzeichens ohne Schwierigkeiten möglich ist.

Bei der nun folgenden Darstellung der Ergebnisse können nicht alle der durch die Untersuchungsinstrumente möglichen Befunde vorgestellt werden. Wir halten es für sinnvoller, einige wichtige Fragestellungen herauszugreifen und diese detaillierter zu diskutieren.

6 Einstellungen zum Kabelfernsehen

6.1 Akzeptanz

a) Zustimmung und Gebrauchswert

Die Feststellung, daß "die Einrichtung eines bundesweiten Breitbandverteilnetzes wegen des Fehlens eines ausgeprägten und drängenden Bedarfs heute noch nicht empfohlen werden kann", ist wohl das bekannteste und am häufigsten zitierte Ergebnis, zu dem die Kommission für den Ausbau des technischen Kommunikationssystems (KtK) 1976 kam (zit. nach Meyn 1985, S. 30).

Bei Beginn des Berliner Kabelpilotprojekts waren zehn Jahre kontroverser Diskussion vergangen. Wie dachten die Menschen mittlerweile über das neue Massenkommunikationsmittel Kabelfernsehen? Hatte sich das neue Angebot, wie allgemein angenommen, seine Nachfrage geschaffen?

Mit der Frage "Begrüßen Sie es eigentlich, daß es seit kurzem in Berlin Kabelfernsehen gibt oder begrüßen Sie es nicht oder ist Ihnen das gleichgültig?" sollte die allgemeine Akzeptanz der Befragten gegenüber dem Kabelfernsehen ermittelt werden.

Tabelle 6-1 zeigt, daß - wenige Monate nach dem Start des Kabelpilotprojekts in Berlin - die Befürworter des Kabelfernsehens bereits die größte Gruppe darstellen. Dabei ist zwischen Verkabelten und Nichtverkabelten ein deutlicher Unterschied festzustellen, der in der Kategorie "Begrüße es" 33 Prozentpunkte beträgt. Die höhere Zustimmung der Verkabelten kann möglicherweise auf ein gewisses Maß an Selbstselektion zurückzuführen sein, denn für den Kabelanschluß der Wohnung müssen die potentiellen Teilnehmer selbst initiativ werden. Einen solchen Antrag stellen naheliegenderweise vor allem diejenigen, die ohnehin eine positive Einstellung zum Kabelfernsehen haben. Allerdings sei daran erinnert, daß beim Anschluß eines Wohnhauses an einen Übergabepunkt der Post alle in diesem Haus befindlichen Wohnungseinheiten an das Kabelnetz angeschlossen werden, auch diejenigen, deren Bewohner selbst nicht tätig geworden waren und somit Nutznießer der Initiative anderer sind. Die höhere Akzeptanz der Verkabelten ist also nicht nur durch eine Selbstselektion dieser Gruppe bedingt, sondern in hohem Maße auch durch die Möglichkeit, eigene Erfahrungen mit dem neuen Angebot zu machen.

TABELLE 6-1: Akzeptanz des Kabelfernsehens, 1986 (in Prozent)

	Nichtverkabelt	Verkabelt	Gesamt
Begrüße	37	70	43
Begrüße nicht	34	21	32
Gleichgültig	29	9	25
	100	100	100

Missing values: 2,2%

Im Laufe der zweijährigen Untersuchungsdauer hat sich die Zustimmung zum Kabelfernsehen noch einmal deutlich verstärkt. Während es 1986 in der Gesamtheit der Befragten 43 Prozent waren, die dem neuen Angebot positiv gegenüberstanden, waren es 1988 63 Prozent (siehe Tabelle 6-2). Diese Entwicklung ist, wenngleich auf unterschiedlichem Niveau, sowohl bei den Verkabelten als auch bei den Nichtverkabelten zu beobachten. Man kann also sagen, daß der Trend eindeutig für das Kabelfernsehen spricht.

Es soll nun der Frage nachgegangen werden, ob sich die Personen, die die Einführung des Kabelfernsehens bereits bei der Befragung 1986 begrüßten, in besonderer Weise von denen unterscheiden, die sich zunächst zurückhaltend oder ablehnend äußerten. Wie die Ergebnisse der Diffusionsforschung zeigen (Rogers 1983), weisen Personen, die als erste bereit sind, technische Innovationen zu übernehmen ("early adopters"), eine Reihe bestimmter Merkmale auf, zu denen u.a. ein höheres Bildungsniveau, die Zugehörigkeit zu höheren sozialen Schichten und eine positivere Einstellung zur Technik gehören. Hinsichtlich der Zustimmung zum Kabelfernsehen läßt sich in unserer Untersuchung dieses Muster, inbesondere bei den sozialstrukturellen Merkmalen, nicht bestätigen (siehe Tabelle 6-3). So sind zwischen Arbeiterschicht und Mittelstand nur minimale Unterschiede zu beobachten, wobei eher Arbeiter dem Kabelfernsehen positiv ge--genüberstehen. Differenziert man diejenigen, die sich zustimmend äußern, nach Schulbildung, zeigt sich ein deutlicher Unterschied zu der Charakterisierung der "early adopters", denn das Kabelfernsehen wird am häufigsten von Personen mit niedrigem formalen Bildungsgrad begrüßt. Lediglich bei der Einstellung zur Technik findet sich der erwartete Zusammenhang. Positiv äußern sich in erster Linie die Befragten, die in der Technik eher einen Segen als einen Fluch für die Menschheit sehen.

Die Akzeptanz des Kabelfernsehens hat sich also in den einzelnen Personengruppen zum Teil gegenläufig zu den allgemein zu beobachtenden Diffusionsprozessen ausgebreitet. Dies mag dadurch zu erklären sein, daß das Kabelfernsehen als ein von privaten Veranstaltern ausgestrahltes Programmangebot bei der Befragung 1986 im Grunde genommen keine Innovation mehr war, obwohl eine Empfangsmöglichkeit erst seit wenigen Monaten bestand. Die Diskussion um die Einführung dieses neuen Kommunikationsmittels war aber bereits seit Jahren in der breiten Öffentlichkeit geführt worden, so daß auch der Meinungsbildungsprozeß lange bevor das Angebot tatsächlich verfügbar war begonnen hatte.

Plausibler als diese Überlegungen scheint jedoch, die Akzeptanz nicht losgelöst von deren konkretem Gebrauchswert für das Individuum zu sehen.

TABELLE 6-2: Akzeptanz des Kabelfernsehens Konstanz und Veränderung, 1986/1988 (in Prozent)

	Nichtverkabelt		Verkabelt		Neuverkabelt		Gesamt	
positiv, insgesamt 1988	**53**		**83**		**78**		**62**	
86/88 konstant		35		70		61		45
86/88 verbessert		18		13		17		17
negativ, insgesamt 1988	**21**		**5**		**5**		**16**	
86/88 konstant		13		3		4		10
86/88 verschlechtert		8		2		1		6
gleichgültig, insgesamt 1988	**26**		**12**		**17**		**22**	
86/88 konstant		13		6		10		11
86/88 verbessert		7		3		6		6
86/88 verschlechtert		6		3		1		5
	100	100	100	100	100	100	100	100

Missing values: 1%

TABELLE 6-3: Bedingungsfaktoren der Akzeptanz, 1986 (in Prozent)[a)]

	Nichtverkabelt	Verkabelt	Gesamt
Schulbildung			
niedrig	43	73	48
mittel	33	71	42
hoch	28	62	34
Pearson's r [b)]	-.14**	-.14**	-.13**
Schicht			
Arbeiter	42	74	47
Neuer Mittelstand	35	70	42
Alter Mittelstand	36	70	43
Pearson's r	-.08**	.01	-.04*
Technikeinstellung			
Fluch	36	57	39
Segen	53	79	59
Pearson's r	.16*	.20**	.17**
Fernsehdauer			
niedrig	27	58	32
mittel	40	78	47
hoch	46	79	53
Pearson's r	.20**	.24**	.20**
Parteineigung			
AL	15	54	18
SPD	42	60	45
FDP	36	69	42
CDU	49	91	58
Pearson's r	.22**	.37**	.25**

a) Entries: Anteil der positiven Antworten ("Begrüße es")
b) Signifikanzniveau: ** = <0.01 * = <0.05

Dabei dürfte für die meisten potientiellen Nutzer des Kabelfernsehens der quantitative Aspekt, also die Möglichkeit, zwischen einer sehr viel größeren Anzahl von Kanälen wählen zu können, im Vordergrund stehen, während die Tatsache, ob ein Programm von öffentlich-rechtlichen oder von privaten Veranstaltern angeboten wird, wahrscheinlich von eher nachgeordneter Bedeutung ist. In Übereinstimmung damit findet sich ein deutlicher Zusammenhang zwischen Fernsehdauer und der Akzeptanz des Kabelfernsehens, das heißt, je höher der tägliche Fernsehkonsum ist, desto positiver ist die Einstellung zu dem erweiterten Programmangebot. Dies ist in Übereinstimmung mit Befunden aus dem Kabelpilotprojekt Ludwigshafen. Da hier eine Nullmessung vorlag, konnte gezeigt werden, daß Befürworter und potentielle Nutzer des Kabelfernsehens bereits vor dem Anschluß in ihrer Freizeitgestaltung eine deutlich höhere Medien-, insbesondere Fernsehorientierung aufwiesen (Pfetsch 1989).

b) Orientierung an parteipolitischen Positionen

Die Auseinandersetzung zur Einführung des Privatfernsehens war auch eine Auseinandersetzung zwischen den Parteien, die unterschiedliche medienpolitische Positionen formuliert haben. Die Frage ist, ob die jeweiligen Parteianhänger diese Positionen übernehmen oder sich eher von eigenen Nutzungsmöglichkeiten und -bedürfnissen leiten lassen.

Zunächst sei ein kurzer Überblick über die medienpolitischen Positionen der im Bundestag vertretenen Parteien gegeben:
Die Unionsparteien sprachen sich deutlich für ein duales Rundfunksystem aus: "CDU und CSU befürworten im Bereich der elektronischen Medien Wettbewerb und Vielfalt des Angebotes durch eine sinnvolle Konkurrenz zwischen öffentlich-rechtlichen und privat-rechtlichen Veranstaltern." Wettbewerb und Konkurrenz durch private Anbieter diene der Verwirklichung der Rundfunkfreiheit. Es soll ein Rahmen geschaffen werden, der es den Privaten erlaubt, sich neben den Öffentlich-Rechtlichen auf dem Medienmarkt zu behaupten. ("Medien von Morgen. Programm der CDU/CSU für eine freiheitliche Informationspolitik" vom Oktober 1984; zit. nach: Meyer/Schiwy/Schneider 1989)

Auch die FDP bezog zur Strukturierung der Rundfunkordnung und der Neuen Medien eine klare Position: "Die FDP spricht sich für die Zulassung privater Programmveranstalter zu neuen Frequenzen und Kanälen aus." Es wird jedoch betont, daß eine Monopolisierung im Medienbereich und damit publizistische Machtkonzentration zu verhindern ist. ("F.D.P.-Thesen zur

Medienpolitik" vom November 1984; zit. nach: Meyer/Schiwy/Schneider 1989)

Die Haltung der SPD zum Privatrundfunk läßt sich am ehesten mit einem "Ja, aber" beschreiben. Zwar wurde die Zulassung privater Anbieter nicht abgelehnt, die Betonung lag jedoch auf der Bestands- und Entwicklungsgarantie für den öffentlich-rechtlichen Rundfunk. Ferner wurde gefordert, daß das "Prinzip der inneren Pluralität von Organisation und Programm ... auch bei der Öffnung des Rundfunks für neue Veranstalter gewahrt werden (muß)." ("Sozialdemokratische Positionen zur Medienpolitik" vom September 1984; zit. nach: Meyer/Schiwy/Schneider 1989) Demgegenüber hat sich zwischenzeitlich, wie bereits erwähnt, in der Rechtsprechung die Auffassung durchgesetzt, daß lediglich die Bedingung des Außenpluralismus zur Gewährleistung von Meinungsvielfalt gegeben sein muß.

Die Grünen waren die einzige Partei, die sich ohne Einschränkung gegen eine Privatisierung der elektronischen Medien aussprachen. Sie fordern: "Keine Einführung von Kommerzfunk und -fernsehen, Stopp der Verkabelung, Abbruch der Kabelpilotprojekte, keine weiteren Kabelpilotprojekte, keine Zwangsverkabelung, keinen Groschen fürs Kabel." Statt dessen wollen sie die neuen medientechnischen Möglichkeiten für "Freie Radios", Bürgerfernsehen mit Bürgerbeteiligung und eine Regionalisierung nutzen. ("Wildsachsener Erklärung der Bundestagsfraktion und der Bundesarbeitsgruppe 'Computer und Medien' der GRÜNEN" vom Mai 1984; zit. nach: Meyer/Schiwy/Schneider 1989)

Soviel zu den medienpolitischen Positionen der Parteien. Aus der bereits vorgestellten Tabelle 6-3 ist ersichtlich, inwieweit sich diese Positionen in dem Grad der Zustimmung zum Kabelfernsehen bei den jeweiligen Parteianhängern widerspiegeln. Es zeigt sich, daß, bezogen auf die Gesamtheit der Befragten, der Anteil derjenigen, die das Kabelfernsehen begrüßen, bei den Anhängern der Alternativen Liste am niedrigsten (18 Prozent) und denen der CDU am höchsten (58 Prozent) ist. Sie stimmen also mit der Position der Partei, der sie nahestehen, weitgehend überein. Die Zustimmung der FDP-Anhänger fällt dagegen schwächer aus (42 Prozent) als nach den klaren Aussagen der Partei-Thesen zu erwarten wäre, und liegt sogar etwas niedriger als bei den Anhängern der SPD (45 Prozent). Erwähnenswert ist, daß die Anhänger der Alternativen Liste (AL, Landesverband der Grünen), die verkabelt sind, gegenüber denjenigen, die nicht an das Kabelnetz angeschlossen sind, mit einer Differenz von 39 Prozentpunkten häufiger eine positive Einstellung zum Kabelfernsehen äußern (54 Prozent gegenüber 15 Prozent). Ein noch stärkerer Unterschied zwischen Verkabelten und

Nichtverkabelten, nämlich 43 Prozentpunkte, findet sich bei den CDU-Anhängern (91 Prozent gegenüber 49 Prozent).

Die Tabelle 6-4 zeigt, welche Erklärungskraft jedem der beschriebenen Faktoren für die Akzeptanz des Kabelfernsehens zukommt, wenn der Einfluß der anderen konstant gehalten wird.[1] Die Höhe des täglichen Fernsehkonsums, der als Indikator für den individuellen Gebrauchswert eines erweiterten Angebots angenommen wird, trägt von allen Faktoren am stärksten zur Akzeptanz des Kabelfernsehens bei (Beta = .31). Der Gruppeneffekt, also die Verfügbarkeit der neuen Programme, beträgt 19 Prozent. Auch die Parteineigung[2] trägt noch deutlich zur Erklärung bei (Beta = .14), während sich der Einfluß von Schulbildung und Technikeinstellung als geringfügig erweist.

Es ist also erkennbar, daß sich die Individuen durchaus an den Positionen der Parteien orientieren, der konkrete Gebrauchswert und die eigene Erfahrung sind in diesem Fall jedoch von größerer Bedeutung.

Betrachtet man diese Zusammenhänge im Zeitverlauf (Tabelle 6-5), zeigt sich, daß die Zugehörigkeit zur Gruppe der Verkabelten zunächst einen deutlichen Einfluß auf die Einstellung zum Kabelfernsehen hat (Beta-t_2 = .17), dieser Gruppeneffekt jedoch bei der dritten Befragung erkennbar schwächer wird (Beta-t_3 = .09). Zieht man daneben weitere Erklärungsfaktoren (Fernsehkonsum, Parteineigung) in die Analyse ein, verschwindet er (Beta-t_3 = .03). Mit fortschreitender Untersuchungsdauer spielt auch die Parteineigung keine signifikante Rolle mehr (Beta-t_3 = .07). Dagegen erweist sich die Bedeutung der Fernsehdauer mit einem Beta von jeweils .12 zu beiden Folgebefragungen als stabil.

Insgesamt zeigt die konditionale Längsschnittanalyse, daß von den betrachteten Einflußgrößen die Akzeptanz des Kabelfernsehens auf Dauer nur vom individuellen Gebrauchswert, also von der Höhe der täglichen Fernsehnutzung bestimmt wird, während die Verfügbarkeit der neuen Programme (Gruppenzugehörigkeit) mit fortschreitender Untersuchungsdauer keinen Einfluß mehr hat. Dies trifft auch auf ideologische Präferenzen zu. Es ist ja auch nicht unplausibel, daß eine Erweiterung des Programmangebots vor allem den Gewohnheiten und Bedürfnissen von

---

1 Das sozialstrukturelle Merkmal der Schichtzugehörigkeit wurde aus der Berechnung ausgeschlossen, da es sich um eine kategoriale Variable handelt.

2 Die Parteien wurden entsprechend ihrer Lokalisierung im Links-Rechts-Spektrum zu einer Skala zusammengefaßt, mit dem niedrigsten Wert für die AL, gefolgt von SPD, FDP und CDU.

TABELLE 6-4: Erklärungsfaktoren der Akzeptanz, 1986

ABHÄNGIGE VARIABLE: Akzeptanz des Kabelfernsehens

ERKLÄRENDE VARIABLEN [a)]

Analyse-gruppe	Fernseh-dauer	Partei-neigung	Technik-einstellung	Schul-bildung	Konstante	R^2 [b)]
.19**	.31**	.14**	.07*	.08*		.16**
(.40)	(.04)	(.11)	(.16)	(.09)	(1.36)	(.40)

a) Entries: standardisierte Regressionskoeffizienten; in Klammern unstandardisierte Regressionskoeffizienten
Signifikanzniveau: ** = <0.01 * = <0.05
Ausschluß fehlender Werte: listwise

b) In Klammern: Multiples R

TABELLE 6-5: Erklärungsfaktoren der Akzeptanz im Zeitverlauf, 1986 - 1988

ABHÄNGIGE VARIABLE: Akzeptanz des Kabelfernsehens

ZEIT-PUNKT	ERKLÄRENDE VARIABLEN a)								R^2 b)
	Analyse-gruppe	Akzeptanz t_1	Akzeptanz t_2	Fernsehdauer t_2	Fernsehdauer t_3	Parteineigung t_2	Parteineigung t_3	Konstante	
t_2	.17** (.25)	.56** (.51)						(1.16)	.41** (.64)
t_3	.09** (.14)		.65** (.69)					(.72)	.48** (.69)
								(.52)	.52** (.72)
t_2	.17** (.26)	.57** (.54)		.12** (.01)		.09* (.06)		(.64)	.52** (.73)
t_3	.03 (.05)		.71** (.73)		.12** (.01)		.07 (.05)	(.32)	.61** (.78)

a) Zelleneingänge: standardisierte Regressionskoeffizienten; in Klammern unstandardisierte Regressionskoeffizienten
Signifikanzniveau: ** = <0.01 * = <0.05
Ausschluß fehlender Werte: listwise

b) In Klammern: Multiples R

Personen entgegenkommt, die einen relativ großen Teil ihrer verfügbaren Zeit mit Fernsehen verbringen.

6.2 Bewertungskriterien: Programmvielfalt und Kosten

Über die allgemeine Zustimmung oder Ablehnung hinaus wollten wir von den Befragten erfahren, wie ihre Meinung zu verschiedenen Argumenten ist, die in der öffentlichen Auseinandersetzung um die Einführung des Kabelfernsehens vorgebracht wurden.
Im einzelnen wurden folgende Aussagen vorgelegt, die als zutreffend oder nicht zutreffend gekennzeichnet werden konnten:[3]

A: Kabelfernsehen ist gut, da man damit mehr Programme empfangen kann.
B: Für einen Anschluß an das Kabelfernsehen spricht die bessere Empfangsqualität.
C: Durch das Kabelfernsehen wird die Information über Ereignisse in Berlin besser.
D: Freunde und Bekannte finden Kabelfernsehen gut.
E: Es ist gut, daß man durch das Kabelfernsehen mehr Unterhaltungsprogramme empfangen kann.
F: Die Kosten der Verkabelung sind für die Allgemeinheit zu hoch - es werden Steuergelder verschwendet.
G: Im Kabelfernsehen gibt es zwar zusätzliche Programme; das heißt aber nicht, daß die Programme auch besser werden.
H: Der Anschluß an das Kabelfernsehen ist zu teuer.
I: Bei privaten Anbietern muß man befürchten, daß sie über wichtige Probleme nur einseitig informieren.
J: Durch das Kabelfernsehen werden die Menschen weniger Zeit füreinander haben.
K: Die vorhandenen Fernsehprogramme reichen aus.
L: Durch das vermehrte Programmangebot wird es möglich, sich umfassender über das politische Geschehen zu informieren.

---

3 Die genaue Frageformulierung lautet:
"In der letzten Zeit ist ja viel über Kabelfernsehen gesprochen worden. Hier auf diesen Karten stehen einige Aussagen. Können Sie mir bitte jeweils sagen, ob die Aussage Ihrer Ansicht nach zutrifft oder nicht zutrifft."

Das Argument, das sowohl nach Meinung der Verkabelten als auch der Nichtverkabelten am meisten für das Kabelfernsehen spricht, ist die Tatsache, daß dadurch mehr Programme zur Auswahl stehen. Die Zustimmung zu einer Programmvermehrung war von Anfang an so hoch, daß zwangsläufig nur noch wenige Befragte im Untersuchungsverlauf ihre Ansicht zugunsten des Kabelfernsehens verbessern konnten ("ceiling effect") (siehe hierzu und zu den folgenden Ergebnissen Tabelle 6-6). Verkabelte Personen schätzen dabei besonders das größere Unterhaltungsangebot. Aber auch Informationen über das Geschehen in Berlin, die in kleinen Lokalsendern wie dem Offenen Kanal oder als Fensterprogramme großer Anbieter wie SAT1 ausgestrahlt werden, sind ein Aspekt, der von den Verkabelten deutlich zunehmend positiv bewertet wird. An-dererseits fällt auf, daß beide Untersuchungsgruppen offenbar Vorbehalte gegenüber der Programmqualität haben und nur in geringem Maße die Meinung vertreten, daß die zusätzlichen Programme auch besser sind. Einwände bezüglich der öffentlichen und individuellen Kosten spielen während der Untersuchungsdauer immer weniger eine Rolle.

Bei der detaillierten Betrachtung der Bewertungen des Kabelfernsehens, ergibt sich also ein recht differenziertes Bild: Ein umfangreicheres Angebot findet zwar breite Zustimmung, das konkrete Programm wird aber oftmals nicht günstig beurteilt. Dies kann nicht auf mögliche Vorurteile der Nichtverkabelten zurückgeführt werden, denn diese negative Bewertung wird auch von den Verkabelten abgegeben, deren Urteil ja - buchstäblich - auf eigener Anschauung beruht (vgl. auch Landwehrmann/Jäckel 1991). Ferner gibt es Anzeichen dafür, daß Informationssendungen mit lokalem Bezug offenbar mit wachsendem Interesse bei den Zuschauern rechnen können. Dies wurde bereits auch in Veröffentlichungen aus dem Dortmunder Kabelpilotprojekt betont (Pätzold 1988). Hier liegt eine Chance, die sicherlich mehr genutzt werden sollte.

Wie eine Faktorenanalyse zeigt, wird die Bewertung des Kabelfernsehens hauptsächlich durch Argumente zur Programmvielfalt sowie durch Argumente zu den entstehenden Kosten bestimmt. Aus den Items A, C, E und L wurde deswegen der additive Index "Programmvielfalt" gebildet,[4] aus den Items F und H der Index "Kosten" (Faktorladungen siehe Tabelle 6-7). Die auf inhaltliche Aspekte abzielenden Statements G und I ließen sich zu den drei Meßzeitpunkten keiner Dimension eindeutig zuordnen - ebenso wie die

4 Bei der Indexbildung wurde ein fehlender Wert toleriert und durch den Median der jeweiligen Verteilung ersetzt.

TABELLE 6-6: Bewertung des Kabelfernsehens, 1986/1988 (in %) [a)]

Argument	Konstant positiv			Verbessert		
	NVK	VK	Neu	NVK	VK	Neu
A: Mehr Programme	52	82	71	15	11	17
B: Empfangsqualität	51	67	70	18	18	6
C: Berlin-Information	16	31	29	22	32	21
D: Freunde positiv	45	66	56	21	19	21
E: Mehr Unterhaltung	40	69	59	18	16	25
F: Steuergelder	15	48	37	31	25	31
G: Programmqualität	3	7	6	12	15	14
H: Anschlußkosten	11	40	30	30	30	37
I: Einseitigkeit	11	25	22	23	24	22
J: Zeit füreinander	12	27	31	17	27	20
K: Vorhandene Programme	16	19	19	12	22	23
L: Politische Information	26	46	41	19	24	28

a) Die Prozentwerte beziehen sich auf die Gesamtheit der Subgruppen. Bei positiv formulierten Argumenten (A,B,C,D,E,L) wird der Anteil derjenigen, die mit "trifft zu" geantwortet haben, ausgewiesen; bei negativ formulierten Argumenten der Anteil derjenigen, die mit "trifft nicht zu" geantwortet haben.

TABELLE 6-7: Dimensionen der Bewertung des Kabelfernsehens, 1986
(Faktorenanalyse: Hauptkomponentenmethode, rotiert)

ITEM	FAKTOR 1 Programm-vielfalt	FAKTOR 2 Kosten
A: mehr Programme	.72	
B: mehr Berlin-Info	.73	
E: mehr Unterhaltung	.77	
L: mehr polit. Info	.73	
F: Steuergelder		.85
H: Anschlußkosten		.87

Korrelation zwischen den Faktoren (Pearson's r): .01

Items B, D, J und K - und werden deswegen in der folgenden Analyse nicht berücksichtigt.

Es soll nun - wiederum wie im vorhergehenden Abschnitt - zunächst anhand einer Strukturanalyse der bei der Repräsentativbefragung erhobenen Daten der Frage nachgegangen werden, welche Bedürfnisse und sozialstrukturell geprägten Lebensbedingungen zu einer positiven Bewertung des Kabelfernsehens beitragen. Dabei wird als sozialstrukturelles Merkmal zusätzlich die Höhe des Einkommens in das Modell mit aufgenommen, da wahrscheinlich die Verfügbarkeit individueller materieller Ressourcen bei der Beurteilung des Kostenaufwandes der Verkabelung von Bedeutung ist. Ferner werden auch Präferenzen für bestimmte Programmgenres mit einbezogen, aus denen die Bereiche "fiktionale Unterhaltungssendungen" und "informative Nachrichten- und Magazinsendungen" ausgewählt wurden.[5]

---

5 Die Indizes "Unterhaltungspräferenz" und "Informationspräferenz", die das von den Befragten bevorzugte Programmgenre im Angebot des Kabelfernsehens darstellen, stützen sich auf folgende Frage:
"Hier sind verschiedene Programmangebote, die im Kabelfernsehen gesendet werden. Können Sie mir bitte anhand der Liste diejenigen Programmangebote aussuchen, bei denen Sie sagen würden: Dafür lohnt es sich, an das Kabelfernsehen angeschlossen zu sein?"
Die Antwortvorgaben waren:
- Nachrichtensendungen
- Sportsendungen
- Natur- und Tiersendungen (z.B. Grzimek)
- Westernfilme/-serien
- Quizsendungen
- Kriminalspielfilme/-serien
- Zombie-Filme
- Volksmusik, Operette, Schlagersendungen
- Ratgebersendungen zu Gesundheit, Recht und anderen Alltagsproblemen
- Komödien und Volksstücke
- Politische Magazine und Diskussionssendungen
- Sendungen über Wissenschaft und Technik
- Familien- und Unterhaltungsserien (z.B. Dallas, Denver Clan)
- Talkshows
- Spielfilme
- Erotische Filme
- Sendungen mit Themen aus der Wissenschaft
- Satire, Kabarett
- Klassische Musik, Balett
- Sendungen für Kinder
- Verbrauchertips und Werbung
- Lokale Informationen, Hintergründe
- Hobby- und Freizeittips
- Vereine aus Berlin stellen sich vor
- Music-Box mit den neuesten in- und ausländischen Hits
- Programme ausländischer Sender

Diese Erweiterung der Erklärungsfaktoren ist deswegen sinnvoll, weil angenommen werden kann, daß Individuen die Bewertungsdimension Programmvielfalt auf unterschiedliche Programminhalte beziehen.

Tabelle 6-9 zeigt, daß eine positive Bewertung der durch das Kabelfernsehen ermöglichten Programmvielfalt vor allem von Personen getroffen wird, die von dem erweiterten Programmangebot in erster Linie Unterhaltung erwarten (Beta = .22) und viel Zeit mit Fernsehen verbringen (Beta = .16). Die Präferenz für informative Sendungen spielt keine signifikante Rolle. Von den soziodemographischen Merkmalen trägt vor allem die Schulbildung zur Erklärung bei: eine positive Einschätzung findet sich eher bei Befragten mit niedrigem formalen Bildungsniveau (Beta = -.17).

Die Präferenz für Unterhaltungssendungen bedingt auch eine günstige Bewertung des Kostenaspekts, also des Preis-Leistungsverhältnisses, wenn auch wenig ausgeprägt (Beta = .09). Wie zu erwarten, werden die für die Verkabelung aufzuwendenden Kosten vor allem von Personen mit höherem Einkommen als nicht zu hoch angesehen (Beta = .13).

Bei der Längsschnittbetrachtung (Tabelle 6-10) bleibt die Bedeutung der Präferenz für fiktionale Unterhaltungssendungen - allerdings mit abnehmender Tendenz - als Bedingungsfaktor für eine positive Bewertung der Programmvielfalt erhalten (Beta-t_2 = .24; Beta-t_3 = .13). Da die Präferenz für Informationssendungen im Zeitverlauf keinerlei Einfluß auf die Bewertung des Kabelfernsehens zeigte, wurde sie in das hier diskutierte Modell nicht mehr mit einbezogen. Der Gruppeneffekt ist im Zeitverlauf praktisch konstant hoch (Beta-t_2 = .13; Beta-t_3 = .15), der Einfluß der Fernsehdauer verschwindet dagegen. Die Bewertung des Kostenaspekts kann im Zeitverlauf durch keine der herangezogenen Variablen mehr sinnvoll erklärt werden.

Faßt man die Ergebnisse, die aus der Untersuchung der Einstellungen zum Kabelfernsehen gewonnen wurden, zusammen, vermittelt sich der Eindruck, daß das Angebot der Privaten ein spezifisches Bedürfnisspektrum anspricht. So konnte gezeigt werden, daß eine positive Einstellung gegenüber dem Kabelfernsehen besonders häufig bei denen zu finden ist, die sich von einer Programmerweiterung vor allem ein größeres Unterhaltungsangebot erhoffen

---

- Sendungen über Kirche und Religion
- Kulturmagazine

Mit Hilfe einer Faktorenanalyse wurden der Informationspräferenz Nachrichten, politische Magazine, Techniksendungen, Wissenschaftssendungen und Lokalsendungen zugeordnet. Der Unterhaltungspräferenz wurden Spielfilme, Krimis und Western zugeordnet (Faktorladungen siehe Tabelle 6-8).

TABELLE 6-8: Dimensionen der Programmpräferenzen, 1986
(Faktorenanalyse: Hauptkomponentenmethode, rotiert)

ITEM	FAKTOR 1 Information	FAKTOR 2 Unterhaltung
A: Nachrichten	.61	
K: Politische Magazine	.74	
L: Techniksendungen	.78	
Q: Wissenschaftssendungen	.71	
V: Lokalsendungen	.61	
D: Western		.76
H: Krimis		.78
O: Spielfilme		.72

TABELLE 6-9: Erklärungsfaktoren der Bewertung des Kabelfernsehens, 1986

1.) ABHÄNGIGE VARIABLE: Programmvielfalt

ERKLÄRENDE VARIABLEN [a]

Analyse-ruppe	Schul-bildung	Ein-kommmen	Fernseh-dauer	Präferenz Information	Präferenz Unterhaltung	Konstante	R^2 [b]
.10** (.26)	-.17** (-.28)	.06 (.03)	.16** (.03)	.06 (.04)	.22** (.27)	(2.49)	.17** (.42)

2.) ABHÄNGIGE VARIABLE: Kosten

ERKLÄRENDE VARIABLEN

Analyse-gruppe	Schul-bildung	Ein-kommmen	Fernseh-dauer	Präferenz Information	Präferenz Unterhaltung	Konstante	R^2
.35** (.73)	.09 (.12)	.13** (.05)	.00	.00	.09** (.09)	(-.74)	.16** (.41)

a) Zelleneingänge: standardisierte Regressionskoeffizienten; in Klammern unstandardisierte Regressionskoeffizienten
Signifikanzniveau: ** = <0.01, * = <0.05
Ausschluß fehlender Werte: listwise

b) In Klammern: Multiples R

TABELLE 6-10: Erklärungsfaktoren der Bewertung des Kabelfernsehens im Zeitverlauf, 1986 - 1988

1.) ABHÄNGIGE VARIABLE: Programmvielfalt

ZEIT-PUNKT	ERKLÄRENDE VARIABLEN a)									R^2 b)
	Analyse-gruppe	Programm-vielfalt t_1	Programm-vielfalt t_2	Schul-bildung	Fernseh-konsum t_2	Fernseh-konsum t_3	Präferenz Unterhaltung t_2	Präferenz Unterhaltung t_3	Konstante	
t_2	.19** (.55)	.50** (.51)							(1.54)	.32** (.57)
t_3	.17** (.52)		.60** (.62)						(1.16)	.44** (.67)
									(.98)	.45** (.68)
t_2	.13** (.34)	.39**		-.05 (-.09)	.05 (.01)		.24** (.31)		(1.50)	.34** (.59)
t_3	.15** (.38)		.49** (.48)			.07 (.00)		.13** (.16)	(1.39)	.36** (.61)

Forts. TABELLE 6-10: Erklärungsfaktoren der Bewertung des Kabelfernsehens im Zeitverlauf

2.) ABHÄNGIGE VARIABLE: Kosten

ZEIT-PUNKT	ERKLÄRENDE VARIABLEN								$R^{2\,b)}$
	Analyse-gruppe	Kosten		Einkommen		Präferenz Unterhaltung		Konstante	
		t_1	t_2	t_2	t_3	t_2	t_3		
t_2	.33** (.68)	.25** (.25)						(-.31)	.23** (.48)
t_3	.16** (.32)		.39** (.39)					(-.18)	.22** (.47)
t_2	.31** (.63)	.17* (.17)		.00		-.06 (-.06)		(-.05)	.15** (.41)
t_3	.08 (.15)		.42** (.42)		.07 (.03)		.06 (.05)	(-.27)	.20** (.47)

a) Zelleneingänge: standardisierte Regressionskoeffizienten; in Klammern unstandardisierte Regressionskoeffizienten
Signifikanzniveau: ** = <0.01 * = <0.05
Ausschluß fehlender Werte: listwise

b) In Klammern: Multiples R

und die auch, unabhängig von der gegebenen Möglichkeit des Kabelempfangs, überdurchschnittlich viel Zeit mit Fernsehen verbringen. Dagegen ist bei denjenigen, die informierende Fernsehsendungen bevorzugen, die Akzeptanz des Kabelfernsehens deutlich niedriger. Bereits vorliegende inhaltsanalytische Untersuchungen bestätigen, daß die reichweitenstärksten privaten Anbieter bei ihrer Programmgestaltung tatsächlich vor allem auf Unterhaltung setzen (Schatz 1989; Krüger 1987). Diese Entwicklungen können nicht nur zu einer - unter Umständen auch sinnvollen - Arbeitsteilung zwischen Privaten und Öffentlich-Rechtlichen führen, sondern auch zu einer Segmentierung des Publikums und einer wachsenden Schere zwischen informierten Bürgern und denen, die Informationen eher vermeiden, wie es von der Wissenskluft-Hypothese konstatiert wird (Tichenor/Donohue/Olien 1970; Bonfadelli 1987).

7 Kabelfernsehen und Nutzungsgewohnheiten

7.1 Allgemeine Fernsehdauer

Bis hierhin sind die Einstellungen zum Kabelfernsehen betrachtet worden und inwieweit diese durch bestimmte Programmpräferenzen und bestehende Nutzungsgewohnheiten bestimmt sind. Im folgenden soll nun ermittelt werden, ob es infolge des erweiterten Fernsehangebots zu Verhaltensänderungen, soweit sie durch das Instrument der Umfrage erfaßbar sind, kommt.

Zunächst wird der Frage nachgegangen, ob das Kabelfernsehen zu einem Anstieg der Sehdauer führt. Die am häufigsten vorgebrachte Prognose besagt ja, daß das größere Angebot die Menschen "verführe", da nun jederzeit auf irgendeinem der Kanäle ein passendes Angebot zu finden sei. Bei der Annahme der Verführbarkeit durch die Bilderflut des Fernsehens wird allerdings meistens übersehen, daß die Menschen neben den Bedürfnissen nach Unterhaltung, Entspannung oder auch Flucht vor persönlichen Problemen, denen durch Fernsehen nachgegangen werden kann, eine Vielzahl anderer Bedürfnisse haben, die das Fernsehen eben nicht befriedigt und die deswegen auf andere Weise realisiert werden. Auf diesen Umstand hat, nachdem auch in der Medienwirkungsforschung lange Zeit die Annahme von der Allmacht der Medien vorherrschend war, der uses-and-gratifications-Ansatz aufmerksam gemacht. Demnach ist die Nutzung des Angebots und die Wahrnehmung der Botschaften der Massenmedien nicht ausschließlich von den Intentionen der Kommunikatoren bestimmt, sondern in hohem Maße von den Bedürfnissen der Rezipienten. Diese sind im Kommunikationsprozeß also nicht beliebig manipulierbare Objekte (vgl. Renckstorf 1989; Rosengren u.a. 1985).

Darüber hinaus steht einer drastischen Ausweitung der Fernsehdauer die Tatsache entgegen, daß für die meisten Menschen die frei verfügbare Zeit äußerst begrenzt ist. Notwendige Alltagsroutinen sowie die Rollenverpflichtungen, in die der einzelne durch Beruf, Familie und andere soziale Kontexte eingebunden ist, lassen allenfalls minimale Veränderungen des Tagesablaufs und damit der Fernsehgewohnheiten zu.

Bei der Befragung wurde zur Ermittlung der Fernsehdauer zwischen Werktagen und dem Wochenende unterschieden, da mögliche Veränderungen eher am Wochenende zu erwarten sind, wenn weniger äußere Restriktionen bestehen.[1] Da die Informationen zur Fernsehdauer durch das

1 Die Fernsehdauer wurde durch folgende drei Fragen ermittelt:

Instrument der Befragung gewonnen wurden, können sie nicht die Exaktheit telemetrischer Messungen beanspruchen. Durch die Antizipation sozialer Erwünschtheit kann es dazu kommen, daß die Befragten eine zu niedrige Fernsehdauer angeben. Ferner werden durch die Formulierung der höchsten Kategorie "3 Stunden und mehr" die extremen Vielseher nicht vollständig erfaßt. Die im folgenden vorgestellten Ergebnisse unterschätzen also wahrscheinlich den realen Umfang der Fernsehdauer. Trends und strukturelle Zusammenhänge können dennoch sinnvoll analysiert werden.

In Tabelle 7-1 ist die mittlere Sehdauer an Werktagen und am Wochenende zusammengefaßt (zur Indexbildung siehe Fußnote S. 75) und für die gesamte Woche wiedergegeben. Verkabelte und Nichtverkabelte werden einander gegenübergestellt, wobei bei den Nichtverkabelten zusätzlich unterschieden wird zwischen denen, die im verkabelten Wohngebiet wohnen, sich aber nicht an das Kabelnetz angeschlossen haben, und denen,

---

a) "An wievielen Werktagen der Woche, ich meine montags bis freitags, sehen Sie durchnittlich fern?" Es wurde die Anzahl der Tage eingetragen.
b) "Und wie lange sehen Sie dann an einem Werktag normalerweise fern?"
Die Antwortvorgaben waren:
- weniger als 1 Std.
- 1-2 Stunden
- 2-3 Stunden
- mehr als 3 Stunden
- "Und wie lange sehen Sie ungefähr am Wochenende, also Samstag und Sonntag fern? Sagen Sie mir bitte zunächst, wie lange Sie am Samstag fernsehen, und dann, wie lange am Sonntag."

Die Antwortvorgaben waren:
- weniger als 1 Stunde
- 1-2 Stunden
- 2-3 Stunden
- mehr als 3 Stunden
- überhaupt nicht

Um die durch die Antwortvorgaben erhaltenen Informationen als Fernsehdauer in Stunden ausdrücken zu können, wurde bei der Angabe von "weniger als 1 Stunde" eine Sehdauer von 0,5 Stunden angenommen, für "1-2 Stunden" 1,5 Stunden, für "2-3 Stunden" 2,5 Stunden und für "mehr als 3 Stunden" 3,5 Stunden. Diese Zeiteinheiten wurden mit der Anzahl der Wochentage, an denen normalerweise ferngesehen wird, multipliziert. Denjenigen, die zwar Angaben zur Anzahl der Wochentage gemacht hatten, aber keine zur durchschnittlichen täglichen Sehdauer, wurde der Medianwert der Variablen zugewiesen. Die Standardisierung der Sehdauer an den beiden Wochenendtagen wurde in gleicher Weise vorgenommen. Um die gesamte wöchentliche Fernsehdauer zu erhalten, wurden die beiden Variablen der Fernsehdauer an Werktagen und am Wochenende zusammenaddiert und so der Index "Allgemeine Fernsehdauer" gebildet.

TABELLE 7-1: Fernsehdauer in Stunden, 1986, 1987, 1988 (Mittelwert)

GRUPPE		FERNSEHDAUER Werktage	p a)	Wochenende	p	Gesamtwoche	p
1986:	Repräsentativ (N=1878)						
Gesamt		9.3		4.8		14.1	
Verkabelt		9.7		4.9		14.7	
Nichtverkabelt		9.2	**	4.7	**	14.0	**
Gebiet:	NVK	9.3		4.8		14.2	
	VK	7.6	**	4.0	**	11.7	**
1987:	(N=615)						
Gesamt		9.3		4.7		14.0	
Verkabelt		9.4		4.8		14.2	
Nichtverkabelt		9.2		4.6		13.8	
Gebiet:	NVK	9.6		4.7		14.3	
	VK	7.7	**	4.0	**	11.9	**
1988:	(N=615)						
Gesamt		9.7		4.7		14.5	
Verkabelt		9.8		4.8		14.5	
Nichtverkabelt		9.6		4.7	**	14.4	
Gebiet:	NVK	10.1		4.9		15.1	
	VK	7.8	**	4.1	*	12.0	**

a) Durch T-Test ermitteltes Signifikanzniveau der Gruppendifferenz bezogen auf die Testgruppe (verkabelt).
p: ** = < 0.01, * = < 0.05

die im nichtverkabelten Gebiet wohnen und deswegen die neuen Programme nicht sehen können.

Als allgemeinen Trend kann man feststellen, daß sich bei der dritten Befragung die Sehdauer insgesamt erhöht hat, nachdem diese in den ersten beiden Wellen praktisch konstant war (durchschnittliche Fernsehdauer pro Woche 1986: 14,1 Stunden, 1987: 14,0 Stunden, 1988: 14,5 Stunden). Entgegen der Annahme ist dies aber die Folge eines höheren Fernsehkonsums an Werktagen.

Bei der Erstbefragung sind für alle Zeiteinheiten zwischen Verkabelten und Nichtverkabelten signifikante Unterschiede zu beobachten, da die Verkabelten - insbesondere an den Werktagen - länger fernsehen. Die Differenzierung der Gruppe der Nichtverkabelten zeigt aber, daß diese Unterschiede durch die deutlich abweichenden Sehgewohnheiten derjenigen, die trotz bestehender Gelegenheit nicht verkabelt sind, zustande kommen. (Die wöchentliche Fernsehdauer dieser Personengruppe lag 1986 um 2,4 Stunden, 1987 um 2,1 Stunden und 1988 um 2,5 Stunden unter dem Durchschnitt der Gesamtheit der Befragten.) Auch die bereits festgestellte negativere Einstellung gegenüber der Einführung des Kabelfernsehens läßt vermuten, daß es sich bei dieser Gruppe überwiegend um "Fernseh-Abstinenzler" handelt. In der zweiten und dritten Befragungswelle unterscheiden sich die Verkabelten signifikant nur noch von dieser Gruppe, während die anderen Nichtverkabelten nun sogar (allerdings statistisch nicht signifikant) etwas länger fernsehen als die Verkabelten.

Diese Ergebnisse, die darauf hindeuten, daß der Anschluß an das Kabelnetz nicht zu einem Anstieg der Fernsehdauer führt, werden durch longitudinale Regressionsrechnungen bestätigt (siehe Tabelle 7-2). Die Beta-Koeffizienten für die Zugehörigkeit zur Testgruppe unterscheiden sich nicht signifikant von null. Ein hoher Fernsehkonsum wird dagegen in fast gleichbleibender Stärke durch niedriges formales Bildungsniveau bestimmt (Beta-t_2 = -.18; Beta-t_3 = -.14). Des weiteren bleibt die Präferenz für Unterhaltungsprogramme ein Erklärungsfaktor für die Fernsehdauer, wenngleich mit abnehmender Tendenz (Beta-t_2 = .15; Beta-t_3 = .09).

7.1.1 Die Bedeutung der Lebenssituation

Der Stellenwert, den das Fernsehen für den einzelnen hat, wird in hohem Maße von der jeweiligen individuellen Lebenssituation bestimmt, die allerdings nur unzureichend durch die gängigen soziodemographischen Merkmale wie Schulbildung und Alter beschrieben werden kann.

TABELLE 7-2: Erklärungsfaktoren der Fernsehdauer im Zeitverlauf, 1986 - 1988

ABHÄNGIGE VARIABLE: Fernsehdauer

ZEIT-PUNKT	ERKLÄRENDE VARIABLEN [a]								R^2 [b]
	Analyse-gruppe	Fernseh-dauer t_1	Fernseh-dauer t_2	Alter	Schulbildung	Präferenz Unterhaltung t_2	Präferenz Unterhaltung t_3	Konstante	
t_2	.02 (.22)	.63** (.64)						(4.68)	.39**
t_3	-.01 (-.15)		.70** (.70)					(4.77)	.49**
t_2	.05 (.67)	.43**		.15 (.06)	-.18** (-1.49)	.15** (.92)		(5.06)	.43**
t_3	-.03 (.02)		.61** (.60)	.04 (.02)	-.14** (-1.18)		.09** (.54)	(6.38)	.51**

a) Zelleneingänge: standardisierte Regressionskoeffizienten; in Klammern unstandardisierte Regressionskoeffizienten
Signifikanzniveau: ** = <0.01   * = <0.05
Ausschluß fehlender Werte: listwise

b) In Klammern: Multiples R

Ein wichtiger Aspekt der individuellen Lebenssituation ist, ob jemand allein lebt oder zusammen mit einem Partner bzw. einer Familie. Es kann vermutet werden, daß gerade alleinlebende Personen dazu neigen, durch das Fernsehen einen Ersatz für soziale Bezüge herzustellen. Des weiteren ist das Ausmaß an Handlungsalternativen, also die Vielfalt der Möglichkeiten, auch außerhalb des Hauses Aktivitäten wahrzunehmen, von Bedeutung. Schließlich ist zu berücksichtigen, wieviel disponible Zeit zur Verfügung steht, die potentiell mit Fernsehen verbracht werden kann.
Unter Berücksichtigung dieser drei Aspekte haben wir folgende Lebenssituationen definiert:

- Rentner, alleinlebend (11 %)
- Rentner, mit einem Partner zusammenlebend (9 %)
- Berufstätige, alleinlebend (9 %)
- Berufstätige, mit einem Partner zusammenlebend (36 %)
- Berufstätige, in einer Familie mit Kindern lebend (10 %)
- Hausfrauen, mit einem Partner bzw. mit einer Familie zusammenlebend (10 %)
- Auszubildende (7 %)

Es verblieben 8 % der Befragten, die keiner dieser Kategorien zuzuordnen sind.

In dieser Definition der individuellen Lebenssituation findet sich der Aspekt des Alleinlebens sowohl bei Rentnern als auch bei Berufstätigen. Diese beiden Gruppen unterscheiden sich aber deutlich im Hinblick auf ihre frei verfügbare Zeit. Die Situation von Hausfrauen ist durch die Einbindung in einen familialen Kontext sowie durch relativ geringe fremddefinierte Zeitrestriktionen gekennzeichnet. Der Aspekt eingeschränkter Handlungsalternativen ist bei Rentnern zu vermuten, da gesundheitliche Probleme häufig bestimmte aushäusige Aktivitäten nicht mehr zulassen. Aber auch die Versorgung von Kindern macht es in der Regel erforderlich, die Freizeitgestaltung eher auf den häuslichen Rahmen zu verlagern.

Tabelle 7-3 zeigt, wieviel Stunden die Befragten in den unterschiedlichen Lebenssituationen durchschnittlich mit Fernsehen verbringen. Die Gegenüberstellung von Verkabelten und Nichtverkabelten soll wiederum einen Hinweis darauf geben, ob ein erhöhtes Fernsehangebot zu einer Ausweitung der Nutzung führt, wenn die Bedingungen des sozialen Kontextes, der Handlungsalternativen und der disponiblen Zeit berücksichtigt werden. Die Differenzen der mittleren Fernsehdauer zwischen den Designgruppen sowie den durch die spezifische Lebenssituation definierten Gruppen werden auf ihre Signifikanz getestet. Dabei wird wiederum nach der Fernsehnutzung an Werktagen, am Wochenende und der Gesamtwoche unterschieden.

Ein auf die Gesamtwoche bezogener signifikant höherer Fernsehkonsum ist - allerdings mit Schwankungen im Zeitverlauf - bei alleinstehenden Berufstätigen, die verkabelt sind, zu beobachten. Für diese Personengruppe stellt das Fernsehen vermutlich eine komfortable, weil leicht zugängliche Entspannungsmöglichkeit dar, die bei entsprechendem Angebot auch vermehrt wahrgenommen wird. Die Gefahr des Verlustes dauerhafter sozialer Bezüge, die sich nicht aus dem Arbeitskontext definieren, ist hier sicherlich in Einzelfällen gegeben.

Wie bereits vermutet, kommt es bei Berufstätigen in Familien mit Kindern ebenfalls zu einem gegenüber der Kontrollgruppe der Nichtverkabelten im Zeitverlauf stabilen, signifikant höheren Fernsehkonsum. Hier wird wahrscheinlich gemeinsam in der Familie ferngesehen. Allerdings gibt es auch innerhalb des Hauses eine Reihe alternativer Möglichkeiten, zusammen mit Kindern die freie Zeit zu gestalten, z.B. durch Spiele, handwerkliche Tätigkeiten oder Lesen. In gruppenbezogenen Studien, deren Fokus nicht wie in der hier beschriebenen auf einer Analyse der Gesamtbevölkerung liegt, wäre zu klären, ob das Kabelfernsehen in Familien, insbesondere in denen eine zusätzliche Belastung durch die Berufstätigkeit beider Eltern besteht, dazu beiträgt, daß die gemeinsamen kreativen Interessen und Tätigkeiten vernachlässigt oder verdrängt werden.

Entgegen der Annahme verbringen Rentner, die verkabelt sind, nicht mehr Zeit mit Fernsehen als diejenigen, denen nur ein begrenztes Programmangebot zur Verfügung steht. Auch bei Hausfrauen sind keine auf das Kabelfernsehen beziehbaren Unterschiede festzustellen.
Bei einer Differenzierung nach Zeiteinheiten findet sich das beschriebene Muster hinsichtlich der Werktage wieder, nicht jedoch für das Wochenende.

Hervorzuheben ist, daß die Unterschiede im Fernsehnutzungsverhalten, die sich auf die durch ihre spezifische Lebenssituation definierten Gruppen beziehen (in Tabelle 7-3 aus Gründen der Übersichtlichkeit nicht ausgewiesen), größer sind als die, die sich auf die Zugehörigkeit zur Test- oder Kontrollgruppe beziehen. So bestehen vor allem deutliche und signifikante Unterschiede zwischen den beiden Gruppen der Rentner einerseits und den Auszubildenden andererseits, unabhängig davon, ob das erweiterte Fernsehangebot zur Verfügung steht oder nicht. Dies ist insofern einleuchtend, als junge Menschen (Auszubildende) - im Unterschied zu alten Menschen (Rentner) - meist über umfangreichere soziale Bezüge verfügen

TABELLE 7-3: Fernsehnutzung und Lebenssituation 1986, 1987, 1988 (Mittelwert)

a) Werktage

LEBENSSITUATION	1986			1987			1988		
	VK	NVK	p [a]	VK	NVK	p	VK	NVK	p
Rentner									
- allein	11.8	12.8		13.2	13.5		12.4	12.9	
- Partner	13.0	12.8		12.8	12.0		12.3	13.3	
Berufstätige									
- allein	10.8	7.1	*	8.1	6.8		10.0	6.0	**
- Partner	9.8	8.6	**	9.1	9.0		9.4	9.4	
- Kinder	9.8	7.6		9.1	7.0	**	10.6	7.8	**
Hausfrauen	10.5	9.9		9.2	9.8		9.5	11.0	
Azubis	6.9	6.5		7.0	4.5		5.3	5.3	
Sonstige	9.4	10.5		9.5	9.9		11.3	10.7	
Gesamt	10.1	9.6		9.7	9.2		9.9	9.6	

Forts. TABELLE 7-3: Fernsehnutzung und Lebenssituation

b) Wochenende

LEBENSSITUATION	1986			1987			1988		
	VK	NVK	p [a]	VK	NVK	p	VK	NVK	p
Rentner									
- allein	5.4	5.6		5.5	5.5		5.2	5.4	
- Partner	5.7	5.7		5.9	5.8		5.6	5.6	
Berufstätige									
- allein	5.0	3.5	*	4.9	4.1		4.9	4.2	
- Partner	5.2	5.0		4.8	4.7		5.0	4.8	
- Kinder	4.7	4.0		4.8	4.1		4.8	4.2	
Hausfrauen	4.8	4.6		5.1	4.5		4.8	5.1	
Azubis	3.7	3.4		3.9	2.5		2.7	2.3	
Sonstige	4.6	4.4		4.8	4.5		5.2	4.9	
Gesamt	5.0	4.7		4.9	4.6		4.8	4.7	

Forts. TABELLE 7-3: Fernsehnutzung und Lebenssituation

c) Gesamtwoche

LEBENSSITUATION	1986			1987			1988		
	VK	NVK	p[a)]	VK	NVK	p	VK	NVK	p
Rentner									
- allein	17.1	18.5		18.8	19.0		17.6	18.4	
- Partner	18.7	18.2		18.7	17.8		17.9	18.9	
Berufstätige									
- allein	16.1	11.0	*	13.8	10.9		14.9	10.4	*
- Partner	15.1	14.5		13.8	13.7		14.4	14.2	
- Kinder	14.6	11.5	**	13.9	11.1	**	15.4	12.0	**
Hausfrauen	15.6	14.5		14.4	14.3		14.3	16.4	
Azubis	10.6	10.5		11.3	7.4	*	8.0	8.0	
Sonstige	14.0	14.3		14.5	14.4		16.5	15.6	
Gesamt	15.2	14.3		14.6	13.8		14.7	14.4	

N=615

a) Signifikanzniveau der Gruppendifferenz, bezogen auf die Testgruppe (Verkabelte)
p: ** = < 0.05, * = < 0.10

und eine größere Vielfalt an Möglichkeiten der Lebensgestaltung wahrnehmen können. Während also für Jüngere das Fernsehen eine unter vielen Freizeitformen, möglicherweise eine nur marginale, darstellt, sind Ältere sowohl zur Unterhaltung als auch als ein "Fenster zur Welt" stärker auf dieses Medium angewiesen.

Insgesamt kann gesagt werden, daß Unterschiede im Umfang der Fernsehnutzung in erster Linie durch die individuelle Lebenssituation und die dadurch gegebenen eher offenen oder eingeschränkten Lebenschancen bedingt sind und weniger auf eine mögliche "Verführung" durch ein erweitertes Programmangebot. In den Fällen, in denen Unterschiede zwischen Verkabelten und Nichtverkabelten festgestellt werden konnten (alleinstehende Berufstätige und Berufstätige mit Kindern), scheint weniger der Faktor Langeweile eine Rolle zu spielen, als vielmehr der Faktor Streß. Individuen greifen also möglicherweise vor allem dann auf das größere Fernsehangebot zurück, wenn infolge der Alltagsbelastungen das Bedürfnis nach einer leicht zugänglichen Form der Freizeitgestaltung und Entspannung besteht.

7.2 Nutzungsstile

Im vorangehenden Abschnitt konnte gezeigt werden, daß es im Aggregat infolge der Einführung des Kabelfernsehens innerhalb des Beobachtungszeitraums zu keiner substantiellen quantitativen Veränderung der Fernsehnutzung gekommen ist. Dies gilt allerdings nicht für einige Subgruppen. Im folgenden soll überprüft werden, ob qualitative Veränderungen, also die Art und Weise, wie die Individuen das Fernsehen nutzen, beobachtet werden können.

Um den Nutzungsstil der Befragten zu ermitteln, wurden folgende Aussagen vorgelegt, die mit Hilfe einer 7er-Skala beantwortet werden konnten:[2]

A: Wir können uns am Abend oft nicht einigen, welches Programm eingeschaltet wird.

---

2 Die Einleitungsfrage zur Ermittlung des Nutzungsstils lautete: "Bitte geben Sie zu den folgenden Aussagen zum Fernsehen jeweils an, inwieweit diese für Sie persönlich bzw. Mitglieder Ihres Haushalts zutreffen. Trifft eine Aussage voll und ganz zu, dann geben Sie bitte eine 1 an, trifft sie überhaupt nicht zu, eine 7. Mit den Werten dazwischen können Sie Ihre Meinung abstufen."

B: Manchmal sehe ich mit anderen fern, obwohl mich die Sendung überhaupt nicht interessiert.

C: Manchmal brauche ich Fernsehen mehr als alle anderen Menschen um mich herum.

D: Manchmal komme ich vor lauter Fernsehen abends nicht rechtzeitig ins Bett.

E: Wir (ich) sehen häufig beim Essen fern.

F: Wir haben einen sehr unterschiedlichen Geschmack in bezug auf das Fernsehprogramm.

G: Wir sehen überwiegend gemeinsam fern.

H: Nur beim Fernsehen kann ich mich so richtig entspannen.

I: Über das, was wir sehen wollen, sind wir uns immer einig.

J: Ab und zu streiten wir uns regelrecht, welches Programm eingeschaltet werden soll.

K: Im Fernsehen ist meist mehr los als bei uns zu Hause.

L: Bei manchen Fernsehsendungen kann ich meine Gefühle so richtig ausleben.

M: Bei uns (mir) läuft oft der Fernseher und keiner sieht und hört richtig hin.

N: Wenn mir mal wieder alles auf die Nerven geht, sehe ich meist fern.

O: Ein Leben ohne Fernsehen kann ich mir eigentlich gar nicht vorstellen.

P: Ich habe eigentlich nur wenig Einfluß darauf, welches Programm bei uns eingeschaltet wird.

Q: Ich sehe nicht gerne alleine fern.

R: Manchmal kommen wir wegen des Fernsehens gar nicht dazu, uns gegenseitig über wichtige tägliche Erlebnisse zu berichten.

S: Wir unterhalten uns oft, während der Fernseher läuft.

T: Ich beschäftige mich während des Fernsehens oft mit anderen Dingen.

Mit Hilfe einer explorativen Faktorenanalyse (Faktorladungen siehe Tabelle 7-4) ließen sich vier Dimensionen ermitteln, die sich auch bei den Wiederholungsbefragungen in ihrer Struktur als stabil erwiesen:

- Konfliktorischer Nutzungsstil = Items A, F, J
- Kompensatorischer Nutzungsstil = Items C, H, N
- Peripherer Nutzungsstil = Items M, S, T
- Sozialer Nutzungsstil = Items G, I, Q

TABELLE 7-4: Dimensionen des Fernsehnutzungsstils, 1986
(Faktorenanalyse, Hauptkomponentenmethode, rotiert)

	Faktor 1 konfliktorisch	Faktor 2 kompensatorisch	Faktor 3 peripher	Faktor 4 sozial
A Keine Einigung	.69			
F Unterschied. Geschmack	.71			
J Streit um Programm	.66			
C FS mehr als Menschen		.62		
H Entspannung		.62		
N FS wenn genervt		.67		
M Keiner sieht hin			.61	
S Unterhaltung			.64	
T Beschäftigung			.80	
G FS gemeinsam				.80
I Einigkeit				.78
Q Nicht gern allein				.41

Korrelationsmatrix der Faktoren (Pearson's r)[a)]

	Faktor 1	Faktor 2	Faktor 3	Faktor 4
Faktor 1	1.00			
Faktor 2	.30**	1.00		
Faktor 3	.28**	.19**	1.00	
Faktor 4	.16**	.10**	.22**	1.00

a) p: ** = <0.01, * = <0.05

Die jeweiligen Items wurden wiederum zu additiven Indizes zusammengefaßt. Die Korrelationsmatrix zeigt, daß die vier ermittelten Dimensionen des Fernsehnutzungsstils nicht unabhängig voneinander sind. Alle Zusammenhangsmaße sind signifikant und insbesondere zwischen konfliktorischem und kompensatorischem (Pearsons's r = .30) sowie peripherem Nutzungsstil (r = .28) deutlich ausgeprägt.

Ein konfliktorischer Nutzungsstil findet sich eher bei Männern (r = .10) und bei Befragten mit niedriger Schulbildung (r = -.15). Hierin kommen sicherlich unterschiedliche soziale Rollen zum Ausdruck, die Männern eine offensivere Verfolgung ihrer Interessen erlaubt, sowie schichtspezifische Werte und Interaktionsformen. Ein kompensatorischer Nutzungsstil ist eher bei älteren (r = .14) und formal weniger gebildeten Personen (r = -.17) zu beobachten, die über ein geringeres Spektrum an Handlungsalternativen verfügen. Als Hintergrundmedium wird das Fernsehen eher von den jüngeren Befragten genutzt (r = -.17). Ein Zusammenhang mit der Präferenz für Unterhaltungssendungen läßt sich vor allem beim kompensatorischen Nutzungsstil feststellen (r = .17) (siehe Tabelle 7-5).

Betrachtet man die Ergebnisse, die aus der zeitvergleichenden Regressionsanalyse gewonnen werden (Tabelle 7-6), ist zunächst festzuhalten, daß die Varianz im jeweiligen Nutzungsstil nur in geringem Maße durch die hier einbezogenen Variablen erklärt werden kann, und das obwohl auch der Nutzungsstil des vorangegangenen Meßzeitpunkts in dem Modell enthalten ist. Das R^2 liegt etwa zwischen .10 und .20, lediglich für den peripheren Nutzungsstil ist es geringfügig höher. Dies ist ein Hinweis darauf, daß eine Vielzahl von Faktoren unberücksichtigt geblieben ist. Ob es über die Auswahl des Fernsehprogramms zu Konflikten in der Familie kommt oder ob jemand es bevorzugt, gemeinsam mit anderen das Programm anzusehen, ist sicherlich eher durch Persönlichkeitsmerkmale sowie bereits bestehende familiäre Interaktionsformen bedingt, die von den hier betrachteten soziodemographischen Merkmalen weitgehend unabhängig sind.

Hinsichtlich des peripheren Nutzungsstils zeigt sich allerdings ein anderes Bild, da hier Alter (Beta-t_2 = -.25; Beta-t_3 = -.10) und Geschlecht (Beta-t_2 = -.12; Beta-t_3 = -.13) zur Erklärung des Fernsehverhaltens beitragen. Dieses Ergebnis läßt die Schlußfolgerung zu, daß insbesondere junge Befragte und Frauen das Fernsehen als Hintergrundmedium benutzen. Hier zeichnet sich möglicherweise eine neue Entwicklung ab, wonach ein bestimmtes Programm nicht mehr wie in den Anfangsjahren des Fernsehens die Straßen leerfegt und ein aufmerksames Publikum vor dem Bildschirm versammelt, sondern - insbesondere bei denen, die mit diesem Medium aufgewachsen

TABELLE 7-5: Soziodemograhische Merkmale, Programmpräferenzen und Fernsehnutzungsstile (Pearson's Korrelationskoeffizient), 1986 [a)]

	FERNSEHNUTZUNGSSTIL:			
	Konfliktorisch	Kompensatorisch	Peripher	Sozial
Alter	-.08**	.14**	-.17**	.00
Geschlecht	.10**	-.01	-.03	.07**
Schulbildung	-.15**	-.17**	-.08**	-.08**
Präferenz Unterhaltung	.14**	.17**	.12**	.08**
Präferenz Information	.02	-.10**	-.06**	.03

a) p: ** = <0.01, * = <0.05

TABELLE 7-6: Erklärungsfaktoren des Fersehnutzungsstils im Zeitverlauf, 1986 - 1988
1.) ABHÄNGIGE VARIABLE: Konfliktorischer Nutzungsstil [a)]

Zeit-punkt	Analyse-gruppe	Konflikt t_1	Konflikt t_2	Schul-bildung	Alter	Geschlecht	Präferenz Unterhalt. t_2	Präferenz Unterhalt. t_3	Konstante	R^2 [b)]
t_2	.12** (.91)	.33** (.30)							(2.78)	.12** (.35)
t_3	.00		.48** (.43)						(2.43)	.22** (.48)
t_2	.10* (.75)	.33** (.29)		-.04 (-.20)	-.06 (-.02)	.03 (.20)	.00		(3.81)	.11** (.36)
t_3	.02 (.13)		.43** (.39)	-.04 (-.17)	-.13** (-.03)	.02 (.11)		-.07 (-.25)	(3.81)	.21** (.47)

Forts. TABELLE 7-6: Erklärungsfaktoren des Fersehnutzungsstils im Zeitverlauf
2.) ABHÄNGIGE VARIABLE: Kompensatorischer Nutzungsstil

Zeit-punkt	Analyse-gruppe	Kompen-sation t_1	Kompen-sation t_2	Schul-bildung	Alter	Geschlecht	Präferenz Unterhalt. t_2	Präferenz Unterhalt. t_3	Konstante	R^2
t_2	.13** (.90)	.24** (.21)							(2.80)	.07** (.26)
t_3	-.06 (-.40)		.41** (.39)						(2.80)	.17** (.41)
t_2	.10* (.71)	.25** (.23)		-.06 (-.29)	.00	-.02 (-.13)	.14** (.50)		(2.24)	.09** (.33)
t_3	-.08 (-.52)		.40** (.37)	-.08 (-.36)	.07 (.02)	.00		.08 (.26)	(2.29)	.19** (.45)

Forts. TABELLE 7-6: Erklärungsfaktoren des Fersehnutzungsstils im Zeitverlauf
3.) ABHÄNGIGE VARIABLE: Peripherer Nutzungsstil

Zeit-punkt	Analyse-gruppe	Peripher t_1	Peripher t_2	Schul-bildung	Alter	Geschlecht	Präferenz Unterhalt. t_2	Präferenz Unterhalt. t_3	Konstante	R^2
t_2	-.02 (-.14)	.41** (.38)							(4.53)	.16** (.41)
t_3	.04 (.31)		.46** (.44)						(3.63)	.21** (.46)
t_2	-.03 (-.24)	.35** (.34)		-.02 (-.11)	-.25** (-.07)	-.12** (-1.07)	.00		(8.87)	.23** (.49)
t_3	.00		.44** (.42)	-.02 (-.14)	-.10* (-.03)	-.13** (-1.13)		-.03 (-.11)	(6.34)	.25** (.51)

Forts. TABELLE 7-6: Erklärungsfaktoren des Fersehnutzungsstils im Zeitverlauf
4.) ABHÄNGIGE VARIABLE: Sozialer Nutzungsstil

Zeit-punkt	Analyse-gruppe	Sozial t_1	Sozial t_2	Schul-bildung	Alter	Geschlecht	Präferenz Unterhalt. t_2	Präferenz Unterhalt. t_3	Konstante	R^2
t_2	.02 (.19)	.34** (.33)							(6.12)	.11** (.34)
t_3	.02 (.21)		.44** (.43)						(5.37)	.19** (.44)
t_2	.00	.35** (.35)		.03 (.19)	.00	.00	.06 (.25)		(5.21)	.11** (.36)
t_3	.00		.45** (.43)	-.07 (-.41)	.00	-.06 (-.50)		.07 (.31)	(5.83)	.21** (.47)

a) Zelleneingänge: standardisierte Regressionskoeffizienten; in Klammern unstandardisierte Regressionskoeffizienten
Signifikanzniveau: ** = <0.01 * = <0.05
Ausschluß fehlender Werte: listwise
b) In Klammern: Multiples R

sind - als audio-visuelle Umwelt, als "Stimme im Raum" (siehe Protokolle der qualitativen Erhebung von Schmidt u.a. 1989) ein Teil des Alltags wird.

Auf die hier betrachteten Nutzungsstile hat das Kabelfernsehen lediglich in der Anfangsphase einen gewissen Einfluß. Hier scheint es infolge der neuen Angebotsvielfalt vermehrt Konflikte bei der Einigung über die Programmauswahl gegeben zu haben (Gruppeneffekt Beta-t_2 = .10). Dieser Effekt verschwindet jedoch im Verlauf der Untersuchung.

Für die meisten Menschen ist Fernsehen ein fester Bestandteil des Alltags geworden. Keine andere Form der Freizeitgestaltung hat eine derart weite Verbreitung gefunden. Der Grund hierfür liegt vor allem darin, daß es kaum ein Interessengebiet oder ein Freizeitbedürfnis gibt, das nicht - zumindest partiell - durch das Fernsehen abgedeckt wird. So bietet das Fernsehen für fast jede Freizeitbeschäftigung ein äquivalentes Substitut an: Spielfilme sind ein Äquivalent für fiktionale Literatur und befriedigen das Bedürfnis nach Geschichten, Abenteuer und Teilhabe an den Schicksalen anderer. Quizsendungen können ein Ersatz für Gesellschaftsspiele sein und die Illusion von sozialem Kontakt und "Dabeisein" erwecken. Tier- und Natursendungen vermitteln Erfahrungen und Kenntnisse über die natürliche Umwelt, die infolge der Technisierung und Urbanisierung der Lebensverhältnisse oftmals nur noch durch bewußte Initiative des einzelnen und intendierte Unternehmungen möglich sind. Hobbysendungen zu den verschiedensten Bereichen vermitteln Wissen und Anregungen, es kann aber auch dazu kommen, daß Interessengebiete ausschließlich auf passive, vermittelte Weise betrieben werden, ohne eigene tätige Umsetzung. Am ausgeprägtesten ist dies sicherlich beim Sport zu beobachten. Aspekte des Sports, wie Spannung, Freude an Leistung und Wettkampf, Identifikation mit einer sozialen Gruppe können, wie die hohen Einschaltquoten zeigen, durchaus auch vom Wohnzimmersessel aus befriedigt werden, ohne einen eigenen Muskel zu krümmen (vgl. Groebel 1989).

Aufgrund der hohen Anpassungsfähigkeit des Fernsehens an eine Vielzahl von Erwartungen und Bedürfnissen erhebt sich die Frage, ob die Menschen zunehmend auf eigenes Handeln verzichten und auf entsprechende medienvermittelte Erfahrungen zurückgreifen. Die Frage ist ferner, ob eine expandierende Angebotssituation zu einem solchen Zurückdrängen anderer Freizeittätigkeiten zusätzlich beiträgt. Möglicherweise führt ein neues Angebot dazu, daß sich alte Gewohnheiten verändern, da die vorhandenen zeitlichen Ressourcen entsprechend den individuellen Präferenzen neu zugeordnet werden. Auch hier muß wiederum betont werden, daß die Freizeitgestaltung und die Rolle, die dem Fernsehen dabei zukommt, im Zusammenhang mit den gegebenen Handlungsalternativen und Restriktionen, also der konkreten Lebenssituation des Individuums gesehen werden müssen.

In unserer Umfrage wollten wir deswegen erfahren, welcher Option die Befragten den Vorzug geben würden, wenn sie zwischen Fernsehen und anderen Freizeittätigkeiten wählen müßten. Dies geschah durch die folgende Frageformulierung:

"Nehmen wir einmal an, morgen zu einer bestimmten Zeit läuft Ihre Lieblingssendung im Fernsehen: Zufälligerweise überschneidet sich die Sendezeit Ihrer Lieblingssendung mit der Zeit, für die Sie sich eigentlich eine andere Tätigkeit vorgenommen haben. Bitte sagen Sie mir jetzt zu jeder der aufgeführten Tätigkeiten, ob Sie auf diese Tätigkeit verzichten würden oder nicht verzichten würden, um Ihre Lieblingssendung anzuschauen."[1]

An Aktivitäten, die in Konkurrenz zu einem attraktiven Fernsehprogramm treten können, wurde vorgegeben:

A: Besuch bei Freunden
B: In die Kneipe gehen
C: Mit den Kindern spielen
D: Ins Kino gehen
E: Ins Theater / Konzert gehen
F: Lesen
G: Spazierengehen
H: Zum Vereinsabend gehen
I: Zum Stammtisch gehen
K: Eine Sportveranstaltung besuchen

Die Bereitschaft, zugunsten eines attraktiven Fernsehangebots auf andere Freizeitaktivitäten zu verzichten, kann Aufschluß über mögliche längerfristige Trends bei der Prioritätensetzung in der Freizeitgestaltung geben.

Bezüglich der Wahrscheinlichkeit der Verzichtsbereitschaft unterscheiden sich die genannten Aktivitäten dadurch, wie hoch der erforderliche Planungsaufwand ist und inwieweit sie ad hoc disponibel sind. So ist der Besuch bei Freunden oder ein Theaterbesuch meist seit längerer Zeit auf einen bestimmten Termin festgelegt, während Lesen und Spazierengehen Tätigkeiten sind, denen eher entsprechend spontaner Bedürfnisse nachgegangen wird und die leichter auf einen anderen Zeitpunkt verschoben

---

1 Die Antwortvorgaben waren:
"Um meine Lieblingssendung im Fernsehen zu sehen, würde ich auf ...
- verzichten
- nicht verzichten
- mache ich nicht

werden können, ohne daß für das Individuum der Eindruck eines tatsächlichen Verzichts entsteht.

Tabelle 8-1 zeigt Stabilität und Veränderung, wie sie zwischen dem ersten und dem dritten Befragungszeitpunkt zu beobachten waren. Einbezogen wurden nur diejenigen, die der jeweiligen Tätigkeit nachgehen und in der beschriebenen Situation verzichten oder nicht verzichten würden, also nicht diejenigen, die mit "mache ich nicht" geantwortet haben.

Betrachtet man zunächst den Anteil derjenigen, die während des Untersuchungszeitraums konstant zu einem Verzicht bereit wären, bestätigt sich, daß nur eine sehr kleine Anzahl der Befragten eine Fernsehsendung zugunsten längerfristig geplanter Unternehmungen, wie Besuchen bei Freunden oder Theaterbesuchen, vorzieht. Aber auch auf das Spielen mit den Kindern würden nur wenige verzichten, obwohl diese Beschäftigung als zeitlich disponibel erscheinen mag. Dies zeigt, daß auch "Lieblingssendungen" mit der Erfahrung emotionaler Nähe in der Familie nicht konkurrieren können.

Bei vier Freizeitaktivitäten (in die Kneipe gehen, zum Vereinsabend gehen, zum Stammtisch gehen, eine Sportveranstaltung besuchen) fällt auf, daß unter den Verkabelten der Anteil derer, die konstant verzichten würden, deutlich niedriger ist als unter den Nichtverkabelten (Prozentpunktdifferenz jeweils: 10, 12, 15, 8).

Die Ergebnisse, die zunehmende Verzichtbereitschaft in Zusammenhang mit einem Kabelanschluß abbilden, zeigen andere Tendenzen. Nach zwei Jahren würden die Verkabelten häufiger auf Theaterbesuch, Stammtisch oder eine Sportveranstaltung verzichten als die Nichtverkabelten (Prozentpunktdifferenz: 7, 13, 7), allerdings etwas seltener auf Lesen (Prozentpunktdifferenz: 6).

Diese aus Übergangstabellen gewonnenen Ergebnisse lassen zwar keine kausalen Rückschlüsse zu, sie können aber vor dem Hintergrund zweier Annahmen mit jeweils unterschiedlicher Implikation interpretiert werden. Die eine Annahme ist, daß in einer begrenzten Angebotssituation ein bestimmtes attraktives Angebot aufgrund der relativen Seltenheit an Bedeutung gewinnt und andere Freizeitaktivitäten verdrängen kann. Hierauf deutet der höhere Anteil von Nichtverkabelten hin, die konstant zugunsten einer Lieblingssendung auf bestimmte alternative Beschäftigungen verzichten würden. Die andere Annahme besagt, daß das Fernsehen mit zunehmender Dominanz infolge einer Programmvermehrung andere Freizeitformen verdrängt, insbesondere dann, wenn ein etwa gleichwertiges Äquivalent geboten wird (z.B. Sportsendungen). Hierauf deutet die

TABELLE 8-1: Verzicht auf Freizeitaktivitäten zugunsten einer Lieblingssendung, 1986/1988 (in Prozent)

Verzicht auf:	Konstant ja			häufiger ja		
	Gesamt	VK	NVK	Gesamt	VK	NVK
A: Besuche	5	3	7	12	12	12
B: Kneipe	31	25	35	14	11	15
C: Kinder	6	5	6	12	13	10
D: Kino	17	16	17	20	21	19
E: Theater	7	7	7	12	16	9
F: Lesen	32	34	30	20	17	23
G: Spazieren	26	27	25	22	22	23
H: Vereinsabend	11	4	16	17	15	19
I: Stammtisch	15	7	22	17	24	11
K: Sportveranstaltung	11	8	14	17	21	14

zunehmende Verzichtbereitschaft der Verkabelten bei einigen Freizeitaktivitäten hin. Bei den beiden Annahmen handelt es sich um gegenläufige Entwicklungstendenzen, die darauf hinweisen, daß pauschale Aussagen über die Auswirkungen des Kabelfernsehens auf die Freizeitprioritäten kaum möglich sind (vgl. auch Tiemann/Heeger 1990).

Stabilität und Verzichtbereitschaft zeigen ferner, daß das Fernsehen - unabhängig von der gegebenen Angebotssituation - mit Freizeitbeschäftigungen, die im sozialen Kontext verankert sind (Besuch bei Freunden, mit den Kindern spielen), kaum konkurrieren kann.

Im vorangehenden Abschnitt wurde eine Typologie von spezifischen Lebenssituationen entwickelt, die jeweils als Indikatoren der Handlungsmöglichkeiten (Zeitressourcen) und des Spektrums an Handlungsalternativen (Restriktionen) gelten können. Diese Typologie soll im folgenden wiederum dazu dienen, um zu ermitteln, ob es in bestimmten Subgruppen in Zusammenhang mit dem Kabelfernsehen zu Veränderungen in den Freizeitprioritäten kommt.

Für diesen Zweck wurden die Freizeitbeschäftigungen, die in Konkurrenz zum Fernsehen stehen können, zu Indizes zusammengefaßt (Faktorladungen siehe Tabelle 8-2), und zwar:

1. Auswärts, gesellig = Items B, H, I
2. Auswärts, kulturell = Items D, E
3. Allein, reflexiv = Items F, G

Das Item K lud zwar auch auf der ersten Dimension, wurde aber aus der Indexbildung ausgeschlossen, da es sich hier um eine Freizeitaktivität handelt, bei der das Individuum passiver Konsument ist, während es bei den Unternehmungen der Items B, H und I selbst Akteur in einem, wenn auch unterschiedlich dauerhaften sozialen Handlungszusammenhang ist. Die Items A und C bildeten jeweils eigene Faktoren und werden im folgenden nicht berücksichtigt.

Da sich bei einer Unterscheidung der Befragten nach ihrer spezifischen Lebenssituation zu niedrige Fallzahlen ergeben, ist eine konditionale Längsschnittanalyse nicht möglich. Tabelle 8-3 gibt deswegen die bivariaten Korrelationskoeffizienten von Lebenssituationen und Verzichtbereitschaft jeweils für die drei Befragungszeitpunkte wieder. Die Berechnung für Verkabelte und Nichtverkabelte erfolgt gesondert, so daß die Stärke des Zusammenhangs unter den Bedingungen einer unterschiedlichen Angebotssituation miteinander verglichen werden kann.

TABELLE 8-2: Dimensionen des Verzichts zugunsten einer Lieblingssendung (Faktorenanalyse, Hauptkomponentenmethode, rotiert), 1986

ITEMS	FAKTOR 1 Auswärts, gesellig	FAKTOR 2 Auswärts, kulturell	FAKTOR 3 Allein, reflexiv
B: Kneipe	.61		
H: Vereinsabend	.81		
I: Stammtisch	.85		
D: Kino		.58	
E: Theater		.51	
F: Lesen			.80
G: Spazieren			.82

Korrelationsmatrix der Faktoren (Pearson's r)[a)]

	Faktor 1	Faktor 2	Faktor 3
Faktor 1	1.00		
Faktor 2	.71**	1.00	
Faktor 3	.62**	.49**	1.00

a) p: ** = < .01, * = < .05

TABELLE 8-3: Lebenssituation und Verzicht zugunsten einer Lieblingssendung, 1986, 1987, 1988 (Pearson's Korrelationskoeffizient) [a]

1.) Verzicht: Auswärts, gesellig

LEBENSSITUATION	1986		1987		1988	
	VK	NVK	VK	NVK	VK	NVK
Rentner						
- allein	.17*	.13*	.03	.12	.09	.09
- Partner	-.06	-.03	-.06	.02	.04	-.02
Berufstätige						
- allein	-.18*	-.01	-.17*	-.04	-.09	-.02
- Partner	.00	-.02	.10	.02	-.22**	.06
- Kinder	.15*	-.06	.16*	-.12*	.21**	-.10
Hausfrauen	.01	.06	-.06	.10	-.02	.05
Azubis	.14	-.07	-.12	.02	-.05	-.03
	N=117		N=111		N=101	

Forts. TABELLE 8-3: Lebenssituation und Verzicht zugunsten einer Lieblingssendung (Pearson's Korrelationskoeffizient)

2.) Verzicht: Auswärts, kulturell

LEBENSSITUATION	1986		1987		1988	
	VK	NVK	VK	NVK	VK	NVK
Rentner						
- allein	.08	.13**	.01	.09*	.01	.02
- Partner	.02	-.11**	.05	.02	.04	.07
Berufstätige						
- allein	-.06	-.02	-.05	.00	-.02	-.04
- Partner	.06	-.04	.03	-.03	-.08	.00
- Kinder	-.01	-.03	.12*	.08	.16**	.00
Hausfrauen	-.06	.07	-.05	.09*	.05	-.03
Azubis	.02	-.04	-.16**	-.07	-.09	-.06
	N=206		N=213		N=219	

Forts. TABELLE 8-3: Lebenssituation und Verzicht zugunsten einer Lieblingssendung (Pearson's Korrelationskoeffizient)

3.) Verzicht: Allein, reflexiv

LEBENSSITUATION	1986		1987		1988	
	VK	NVK	VK	NVK	VK	NVK
Rentner						
- allein	-.04	.02	-.11*	.06	-.07	.13**
- Partner	.03	.07	.05	.00	.02	.05
Berufstätige						
- allein	-.04	.06	.00	.05	.00	.03
- Partner	.06	-.01	.03	-.09*	-.05	-.12**
- Kinder	.01	-.14**	.03	-.05	.05	-.01
Hausfrauen	-.02	.07	.00	.04	-.02	.05
Azubis	.02	.00	-.08	.05	.12**	.00
	N=269		N=271		N=268	

a) p: * = < .1, ** = < .05

Auffallendes Ergebnis ist zunächst, daß die Koeffizienten in den meisten Fällen weder für die Verkabelten noch für die Nichtverkabelten einen signifikanten Zusammenhang zwischen Lebenssituation und Verzichtbereitschaft indizieren. Zusammenhänge in einigen Subgruppen sind meist nur an einem der Meßzeitpunkte zu beobachten, verschwinden dann aber wieder oder wechseln sogar das Vorzeichen. Dies ist etwa in der Gruppe der Auszubildenden zu beobachten. Die Vielfalt der Faktoren, die den Stellenwert bestimmen, den eine bestimmte Freizeittätigkeit für ein Individuum hat, variiert offenbar im Zeitverlauf. Dazu gehören die psychische Befindlichkeit und damit das Bedürfnis nach Rückzug oder Kontaktaufnahme, Konstellationen im interpersonalen Beziehungsnetz und aktuelle Anforderungen durch die Umwelt.

Aus einigen der Ergebnisse lassen sich jedoch Rückschlüsse auf sich möglicherweise herausbildende Muster ziehen, insbesondere wenn man sie in Beziehung zu den Ausführungen zum Zusammenhang von Lebenssituation und Fernsehkonsum setzt (siehe vorangegangenes Kapitel 7, Tabelle 7-3). So deutet sich bei alleinstehenden Rentnern eine höhere Bereitschaft an, zugunsten eines Fernsehangebots auf gesellige oder kulturelle auswärtige Unternehmungen zu verzichten, wenngleich sich dies in der dritten Befragungswelle nicht mehr bestätigen läßt. Verkabelte und Nichtverkabelte sind hier nicht zu unterscheiden. Bei Rentnern, die mit einem Partner zusammenleben, findet sich keine höhere Verzichtbereitschaft. Der hohe Fernsehkonsum bei Rentnern ist also möglicherweise dann problematisch, wenn diese allein leben, so daß die gegenseitige Motivierung fehlt, um sich zu Unternehmungen außerhalb des Hauses aufzuraffen. Hier muß auch erwähnt werden, daß von den 54 alleinstehenden Rentnern, die wir dreimal befragen konnten, 43 (also 80 %) Frauen sind. Diese älteren Frauen verfügen infolge der traditionellen Rollenzuweisungen, in denen sie sozialisiert sind, wahrscheinlich über weniger und instabilere soziale Außenkontakte, die leicht durch das Fernsehen zurückgedrängt und ersetzt werden. Hier würde das Fernsehen also Vereinsamung und die Abkopplung von selbst erfahrener Umwelt verstärken.

Für alleinstehende Berufstätige hatten wir bei einem Anschluß an das Kabelfernsehen einen höheren Fernsehkonsum beobachten können. Die Vermutung, daß damit auch die Gefahr der sozialen Verarmung einhergeht, scheint sich allerdings nicht zu bestätigen. Denn diese Teilgruppe ist deutlich weniger als die nichtverkabelte Vergleichsgruppe bereit, auf auswärtige, gesellige Freizeitunternehmungen zu verzichten, wenngleich zu erwähnen ist, daß auch dieser Zusammenhang beim dritten Meßzeitpunkt nicht mehr beobachtet werden kann.

Für die Teilgruppe der Berufstätigen mit Kindern läßt sich über den Beobachtungszeitraum hinweg ein stabiles Muster feststellen. Bei einem Anschluß an das Kabelnetz besteht hier eine signifikante Bereitschaft, auf auswärtige gesellige - und ab der zweiten Befragungswelle auch kulturelle - Unternehmungen zu verzichten. Bei den Nichtverkabelten kann dies nicht beobachtet werden. Bei den Berufstätigen mit Kindern konnte bereits ein höherer Fernsehkonsum gefunden werden, wenn ein umfangreicheres Angebot zur Verfügung steht. Da sich im Vergleich bei der Teilgruppe der verkabelten Hausfrauen weder Hinweise für eine höhere Verzichtbereitschaft noch für einen höheren Fernsehkonsum finden, kann vermutet werden, daß es nicht das stärkere häusliche Angebundensein durch Kinder ist, wodurch Fernsehen zu einer dominanten Freizeittätigkeit wird, sondern die Streßsituation, die sich aus der Doppelbelastung von Beruf und Familie ergibt.

9 Fernsehen und Familie

In diesem Kapitel berichten wir zunächst über die Entwicklung des Fernsehkonsums zu drei Meßzeitpunkten zwischen 1986 und 1988 in Familien, in denen die Eltern-Kind-Befragung durchgeführt wurde, sowie über einige Determinanten des Fernsehkonsums bei Jugendlichen (Kapitel 9.1). Ausgehend von der Vermutung von Noelle-Neumann (1985), daß Konflikte in verkabelten Haushalten abnähmen, prüfen wir anschließend, ob dies für die Berliner Mehrpersonenhaushalte der Stichprobe, die für verkabelte und unverkabelte Gebiete 1986 repräsentativ ist, zutrifft. Wie in der Allensbach-Untersuchung wird diese Veränderungsthese nur für zwei aufeinanderfolgende Jahre geprüft, weil die Testgruppe im dritten Jahr aufgrund der Panelmortalität zu klein wurde (Kapitel 9.2). Da dieser Test negativ ausfällt und sich das Allensbach-Ergebnis nicht bestätigt, analysieren wir in einem weiteren Schritt nicht mehr die Wirkung des Kabelfernsehens, sondern die Wirkung der Häufigkeit des Fernsehens über drei Erhebungswellen hinweg auf das Familienklima. Dabei legen wir wieder die kleinere Familienstichprobe zugrunde, weil uns dies die Möglichkeit gibt, nicht nur die Antworten der Eltern, sondern auch die Antworten ihrer Kinder im Alter von zwölf bis achtzehn Jahren, und somit ergänzende Indikatoren für das Familienklima einzubeziehen. Ergänzend prüfen wir den Zusammenhang zwischen der Art des Fernsehens und dem Familienklima (Kapitel 9.3).

Für die Analysen in 9.1 und 9.3 standen aus der ersten Befragung im Jahre 1986 314 Eltern-Kind-Dyaden für die Auswertung zur Verfügung. Die Anzahl der befragten Jugendlichen sank bei der Wiederholungsbefragung im folgenden Jahr von 314 auf 222 und bei der letzten Welle im Jahr 1988 auf 192. Die 314 Eltern-Kind-Dyaden der ersten Befragungswelle reduzierten sich wegen der häufigeren Elternverweigerung auf 177 Dyaden in 1987 und auf 121 Dyaden in 1988. Für die Ausführungen in 9.2 stehen die Antworten von 1316 Befragten aus Mehrpersonenhaushalten zur Verfügung.

9.1 Jugendlicher Fernsehkonsum

Die zentrale Variable, die Auskunft über die Fernsehnutzung der Jugendlichen gibt, wurde aus deren Angaben über die durchschnittlich an Werktagen, an Sonnabenden und Sonntagen vor dem Fernsehgerät verbrachte Zeit errechnet. Das Ergebnis läßt sich als mittlere wöchentliche Fernsehdauer in Stunden interpretieren, wobei Verzerrungen aufgrund der Subjektivität der Selbsteinschätzung auftreten können. Außerdem ist unsere nach Stunden eingeteilte Einschätzungsskala gröber als die genauen Skalen bei teleskopischen Messungen. Aus diesen Gründen ist die von uns errechnete durchschnittliche Fernsehdauer niedriger als die telemetrisch gemessene oder auch die von Bonfadelli/Darkow u.a. (1986) festgestellte. Wir beschränken uns deshalb im folgenden auf die Darstellung von Veränderungen und Zusammenhängen, die von den genannten Einschränkungen weniger berührt werden und insofern als zuverlässiger gelten können.

9.1.1 Veränderung des Fernsehkonsums im Längsschnitt über drei Wellen 1986 bis 1988

Die wöchentliche Fernsehdauer sank im Untersuchungszeitraum bei den Jugendlichen von durchschnittlich 12,7 Stunden (1986) über 12,1 (1987) auf 11,6 Stunden (1988). Diese Unterschiede sind, überprüft mittels t-Test, weder zwischen den jeweils aufeinanderfolgenden noch zwischen der ersten und der letzten Messung auf dem 5% Niveau signifikant. Das berichtete, aber nicht signifikante Absinken der Fernsehhäufigkeit hängt damit zusammen, daß ab dem Alter von 15 Jahren die Fernsehhäufigkeit kontinuierlich absinkt (vgl. 9.1.3). Die Eltern änderten ihre Sehgewohnheiten zwischen 1986 und 1988 im Durchschnitt nicht.

Um eine Aussage über die Konstanz der Sehzeiten machen zu können, werden die jeweiligen Sehzeiten mit Hilfe der vorjährigen geschätzt. Dabei ergibt sich, daß die Sehdauer des Jahres 1988 zu 45% durch die davorliegenden beiden Messungen vorhergesagt werden kann. Dies bedeutet, daß die Fernsehhäufigkeit über die Jahre hinweg relativ stabil bleibt.

Für eine zusätzliche Analyse der Veränderung der Sehgewohnheiten definieren wir Vielseher als solche, die durchschnittlich mehr als zwölf Stunden pro Woche fernsehen und bilden eine dichotome Variable Vielseher/Wenigseher.[1] Von denen, die nach dieser Definition 1986 wenig ferngesehen haben, sahen 73% 1987 und 1988 ebenfalls wenig fern. Der entsprechende Anteil für Vielfernseher betrug 58%. Der DEL-Wert beträgt .44. Dies besagt eine Verringerung des Vorhersagefehlers um 44% bei Beibehaltung der Hypothese, daß Vielseher und Wenigseher ihr Verhalten nicht ändern. Insbesondere das Wenigfernsehen ist in unserer Untersuchungsgruppe also ein recht stabiles Verhalten.

---

1 Für die Dichotomisierung wurden auch Personen mit - entsprechend der Definition von Buß (1985) - mittlerem Fernsehkonsum den Vielsehern zugeordnet.

9.1.2 Zusammenhang mit den elterlichen Sehgewohnheiten

Wie sich an unserer Stichprobe über den gesamten Untersuchungszeitraum zeigen läßt, spiegeln sich die Sehzeiten der Eltern in denen ihrer Kinder wider. Zu einem ähnlichen Ergebnis kommt Buß (1985, S.152). Die Korrelationen betragen $r = .42$ (1986), $r = .34$ (1987) und $r = .29$ (1988) (alle $p < .001$). Vom 15. Lebensjahr an nimmt der Zusammenhang zwischen dem Elternverhalten und dem Verhalten der Jugendlichen ab, weil die Jugendlichen zunehmend seltener schauen, der Zusammenhang bleibt jedoch trotzdem signifikant. 1986 betrug der Zusammenhang zwischen Elternverhalten und Kindverhalten bei den 15jährigen $r = .57$ ($p < .001$), bei den 16jährigen $r = .54$ ($p < .001$), bei den 17jährigen $r = .38$ ($p < .01$) und bei den 18jährigen $r = .26$ ($p < .05$).

9.1.3 Zusammenhang mit Alter, Orientierung an Gleichaltrigen und Geschlecht

Die Zusammenhänge zwischen Alter und Fernsehdauer sind überraschend gering. Der Korrelationskoeffizient geht gegen Null ($r = -.08$), wenn man den Einfluß des Merkmals Schulniveau herauspartialisiert ($r = -.17$, $p < .01$; d.h. die Gymnasiasten sehen seltener als die Schüler anderer Schultypen). Dies deutet auf eine Spezifikation des direkten Einflusses des Alters durch den Einfluß der besuchten Schule hin. Zudem existieren im Verhältnis zwischen Alter und Fernsehdauer Abweichungen hinsichtlich der Linearität. Vom 12. bis zum 14. Lebensjahr steigt der Fernsehkonsum an, danach kann eine abfallende Tendenz festgestellt werden (vgl. Tabelle 9-1).

Die in anderen Studien gefundene linerare Altersabhängigkeit hängt mit dem jüngeren Alter der dort untersuchten Populationen zusammen (z.B. Saxer u.a. 1980 für 9- bis 15jährige oder Hurrelmann 1989 für bis 12jährige). Bei Kindern steigt der durchschnittliche Fernsehkonsum bis etwa zum Alter von 14 oder 15 Jahren kontinuierlich an. Diese Hypothese ist gut bestätigt. Aufgrund unserer Daten formulieren wir die zusätzliche Hypothese, daß der durchschnittliche Fernsehkonsum in der Adoleszenz etwa im Alter zwischen 14 und 18 Jahren, bedingt durch die stärkere außerhäusliche Orientierung, absinkt (ähnlich Bonfadelli u.a. 1986). In einer früheren Auswertung der Daten von 1986 (erste Welle) konnten wir zeigen, daß die Jugendlichen mit zunehmendem Alter abends häufiger ausgehen, was sich auf die Fernsehhäufigkeit auswirkt. Je mehr die Jugendlichen abends ausgehen, desto weniger sehen sie fern (Oswald/Süß 1990).

TABELLE 9-1: Durchschnittliche Fernsehdauer (in Stunden pro Woche) nach Alter, 1986

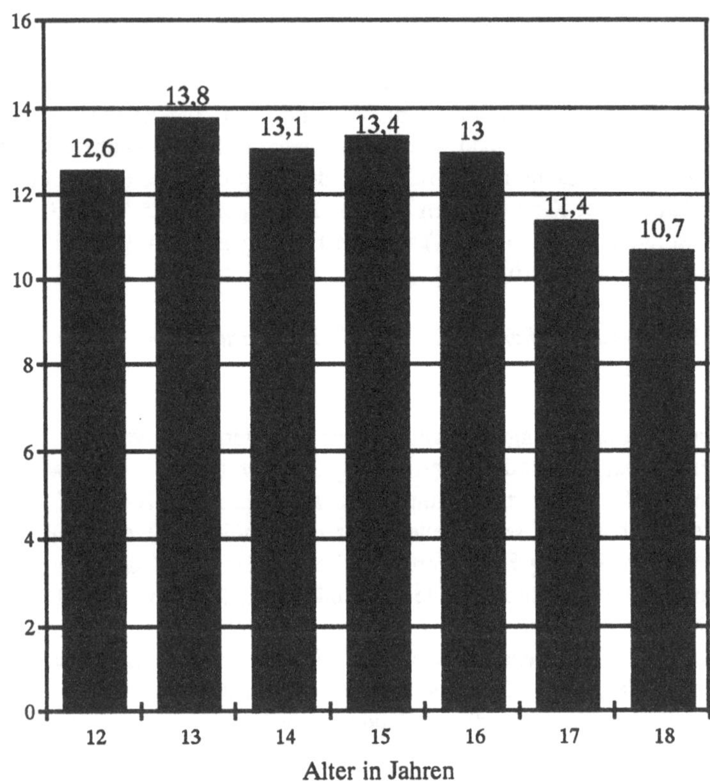

n=314

Auch die über die drei Meßzeitpunkte von 1986 bis 1988 kumulierte Variable "Fernsehdauer" hängt mit der Beziehung zu Gleichaltrigen zusammen. Je größer der Bekanntenkreis, je stärker die Orientierung an Gleichaltrigen und je geringer die Angst, von Gleichaltrigen nicht anerkannt zu werden, desto geringer ist der Fernsehkonsum. Diese drei Variablen erklären in einem Regressionsmodell 11% der Varianz der Fernsehdauer.

Bei allen drei Befragungen sahen die Jungen häufiger fern als die Mädchen (ähnlich Saxer u.a. 1980 für 9- bis 15jährige). Im Unterschied zu den Jungen sinkt bei Mädchen der Fernsehkonsum noch weiter ab, wenn sie einen festen Freund haben. 1986 sahen die Mädchen mit festem Freund durchschnittlich 20 Minuten pro Tag weniger fern als die Jungen (Oswald/Süß 1990).

9.1.4 Zusammenhang mit Schichtzugehörigkeit und schulischer Aspiration

Um die Familien einer sozialen Schicht zuzuordnen, wurden zwei Variablen gebildet. Für die Bildung der ersten Variablen wurden die Angaben über den Beruf des "Haushaltsvorstandes" herangezogen. Die zweite Variable besteht aus einem Index, bei dem zusätzlich die Indikatoren Schulbildung, Berufsausbildung der Eltern sowie Haushaltseinkommen und Wohnsituation, alle gewichtet mit ihren Faktorladungen, berücksichtigt wurden. Für beide Variablen wie auch für die Einzelindikatoren gilt: Je höher die Schichtzugehörigkeit, desto seltener lief das Fernsehgerät, und zwar zu allen drei Meßzeitpunkten (vgl. Tabelle 9-2). Unterteilt man die Familien in drei Schichten, dann ergibt sich, daß Kinder aus der unteren Schicht mit durchschnittlich 17,7 Stunden pro Woche länger fernsehen als Kinder aus der mittleren Schicht (12,6 Stunden pro Woche) und diese wiederum länger als Kinder aus der oberen Schicht (8,3 Stunden pro Woche). Dieser Zusammenhang wurde auch in anderen deutschen Studien und für andere Länder festgestellt. (Saxer u.a. 1980; Schnoor/Zimmermann 1987; Holman/Braithwaite 1983, Australien; Hurrelmann 1989)

Zu einem ähnlichen Ergebnis kommt man, wenn man Vielseher mit Wenigsehern vergleicht. Für diese Berechnung definieren wir Vielseher als Jugendliche, die über alle drei Befragungswellen hinweg mehr als 12 Stunden wöchentlich ferngesehen haben. Dieser Indikator ist robuster als der in 9.1.1 verwendete. Der Zusammenhang dieser Variablen "Vielseher/Wenigseher" mit dem Index für soziale Schicht ergibt einen besonders deutlichen Zusammenhang ($r = -.50$, $p < .001$).

TABELLE 9-2: Beziehungen zwischen Fernsehkonsum der Kinder und sozialer Schicht
(Pearsonsche Korrelationskoeffizienten mit Irrtumswahrscheinlichkeit)

	1986	1987	1988
Schulbildung (Eltern)	-.27 **	-.24 **	-.19 *
Berufsausbildung (Eltern)	-.29 **	-.24 **	-.25**
Haushaltseinkommen	-.29 **	-.27 **	.26**
Wohnsituation	-.23 **	-.15 +	n.s.a)
Schicht 1 (nach Beruf des Hauptverdieners)	-.32 **	-.32 **	.30**
Schicht 2 (Index siehe Abschnitt 9.1.4.)	-.38 **	-.37 **	.33**

a) nicht signifikant
** < .001
* < .01
+ < .05

Werden die Variablen Schicht, elterlicher Fernsehkonsum und Geschlecht der Kinder als Prädiktorvariablen in ein einfaches Regressionsmodell mit über drei Jahre kumulierter "Fernsehdauer" der Kinder als Kriteriumsvariable einbezogen, dann erklärt dieses Modell 40% der Varianz. Soziale Schichtzugehörigkeit erklärt 25%, die Höhe des elterlichen Fernsehkonsums zusätzlich 14% und die Geschlechtszugehörigkeit weitere 14% der Varianz des Fernsehkonsums der Jugendlichen.

In einer Auswertung der Daten von 1986 (erste Welle) war die schulische Aspiration der Jugendlichen, gemessen am erstrebten Schulabschluß, ein noch besserer Prädiktor der Fernsehhäufigkeit als die Schichtzugehörigkeit (Oswald/Süß 1990): Jugendliche, die Abitur machen wollen, sehen weniger fern als Jugendliche, die diesen Abschluß nicht anstreben, auch wenn für soziale Schichtzugehörigkeit kontrolliert wird. (Dieses Ergebnis läßt sich mit den Daten der dritten Welle von 1988 wegen der Panelmortalität und wegen der alterungsbedingten andersartigen Zusammensetzung der Stichprobe in Bezug auf Schulbesuch (vgl. Tabelle 4-7b) nicht replizieren.)

9.1.5 Zusammenhang mit der medienbezogenen Ausstattung des Haushaltes

Verfügen die Jugendlichen über ein eigenes Fernsehgerät (bei 52 % traf das im Jahre 1986, bei 61% im Jahre 1988 zu), dann wirkt sich dies auch auf die Fernsehdauer aus: 1986 sahen die Gerätebesitzer etwa eine Stunde, 1987 und 1988 etwa zwei Stunden länger fern als die Nichtbesitzer. Der Unterschied ist signifikant in den Jahren 1987 und 1988, 1986 besteht eine Irrtumswahrscheinlichkeit von 8%. Übrigens steigt bei eigenem TV-Gerät der Kinder auch die Fernsehdauer der Eltern (14,7 Stunden/Woche gegenüber 11,6 Stunden/Woche), wobei dahingestellt bleibt, ob Eltern, die selbst dem Medium Fernsehen positiver gegenüberstehen, ihren Kindern häufiger ein eigenes Gerät zubilligen, oder ob wegen der Aufhebung von Situationen konkurrierender Sehgewohnheiten sowohl Eltern wie auch Jugendliche ungestörter und deshalb ausgiebiger fernsehen können.

Ähnliches gilt für den Kabelanschluß. Seine Verfügbarkeit steht in Zusammenhang mit einem Mehr an Fernsehen von durchschnittlich 2 Stunden pro Woche im Jahr 1986. Von der 1. bis zur 3. Untersuchungswelle wird die Differenz jedoch zusehends geringer. 1987 sahen Jugendliche aus Kabelhaushalten noch 1,6 Stunden länger fern ($p < .05$ bei einseitiger Testung), 1988 konnten wir keinen Unterschied zu den übrigen Jugendlichen mehr messen. Wenn ihnen ein eigenes kabeltaugliches Fernsehgerät zur Verfügung stand, sahen Jugendliche etwa eine Stunde pro Woche länger fern, als diejenigen die ein solches Gerät nicht besitzen (Befund nicht signifikant). Bei Jugendlichen wirkt sich demnach die Einführung des Kabelfernsehens kurzfristig auf eine Erhöhung der Fernsehdauer aus. Längerfristig scheint dieser Effekt zu verschwinden. Zusätzlich zum Gewöhnungseffekt ist hierfür die in 9.1.3 berichtete Abnahme der Fernsehdauer ab dem Alter von 15 Jahren verantwortlich.

9.1.6 Zusammenhang mit der Akzeptanz des Kabelfernsehens

Erhöhter Fernsehkonsum der Kinder einer Familie stand 1988 in engem Zusammenhang mit stärkerer Wertschätzung des Kabelfernsehens ($r = .31$, $p < .001$). Auch für die Eltern gilt: Positive Haltung zur Verkabelung gehen einher mit mehr Fernsehen ($r = .24$, $p < .01$). Zur Messung der Akzeptanz des Kabelfernsehens legten wir eine Fragenbatterie von 12 Statements vor, die Vor- und Nachteile der Einführung des Kabelfernsehens benannten. Jugendliche, die im Jahre 1988 in Haushalten ohne Kabelanschluß lebten, äußerten sich kritischer gegenüber der Aussage, daß Kabelfernsehen mehr Information über regionale Belange liefern werde (phi = .29, $p < .01$). Sie neigten außerdem zu Bedenken, der Anschluß ans Kabelnetz bewirke, daß die Menschen dann weniger Zeit füreinander haben könnten (phi = .29, $p < .01$). Die Verkabelung der Haushalte wurde von diesen Jugendlichen eher als eine Vergeudung von Steuergeldern empfunden (phi = .38, $p < .001$). Bildet man aus den zwölf Items eine Skala, dann zeigt sich bei Verwendung dieses Indikators, daß Jugendliche aus Kabelhaushalten eine höhere Akzeptanz gegenüber dem Kabelfernsehen haben als Jugendliche aus nichtverkabelten Haushalten ($t = -2.63$, $p < .01$). Außerdem steigt die Akzeptanz des Kabelfernsehens, wenn die Jugendlichen Unterhaltungssendungen bevorzugen.

9.1.7 Der Prototyp des Vielsehers

Für die Berechnungen dieses Abschnittes wurden Vielseher wiederum definiert als Jugendliche, die in allen drei Befragungen angaben, mehr als 12 Stunden pro Woche fernzusehen. Die abhängige Variable "Vielseher/Wenigseher" wurde also aufgrund der Angaben in drei Befragungen gebildet. Die im folgenden verwendeten unabhängigen Variablen wurden in der dritten Befragungswelle 1988 erhoben. Die häusliche Situation eines Vielsehers ließe sich prototypisch durch folgende Aussagen beschreiben. Die Eltern sind in den meisten Fällen ebenfalls

Vielseher (r = .41, p < .01), sie haben eine geringere Schulbildung (r = -.33, p < -.001), eine schlechtere Berufsausbildung (r = -.34, p < .001) und geringeres Einkommen (r = -.40, p < .001) als die Eltern von Wenigsehern. Die Familie besteht eher aus wenigen Personen, wobei eine gewisse Isolation des Vielsehers ins Bild paßt. "Wenn mir mal wieder alles auf die Nerven geht", wird im Fernsehen Trost gesucht (r = .15, p < .05), ohne Fernsehen kann er sich indes ein Leben gar nicht mehr vorstellen (r = .30, p < .001). Ausgehen in Kneipen und Cafés, um Gleichaltrige zu treffen, kommt seltener vor (r = -.24, p < .01), als Freizeitvergnügen zieht er eher den Computer als Partner zum Spielen in Betracht (r = .21, p < .01), Bücher liest er seltener als Wenigseher (r = -.23, p < .01). Vielseher sind eher jünger (r = -.20, p < .01) und männlichen Geschlechts (r = -.19, p < .05), sie schätzen Fernsehen höher ein, eben "nicht im Grunde als Zeitverschwendung" (r = -.25, p < .01), sie sehen sich häufiger deutsche (r = .39, p < .001) und amerikanische Fernsehserien (r = .23, p < .01) oder Actionfilme (r = .21, r < .01) an als die Wenigseher. Bei Vielsehern ist die Akzeptanz des Kabelfernsehens höher (r = .28, p < .001). Alle diese Angaben beziehen sich auf Jugendliche, die über drei Wellen hinweg, das letzte Mal 1988, befragt wurden. Aus der Befragung von 1986 läßt sich ergänzen, daß Vielseher seltener das Abitur anstreben als Wenigseher. Dies gilt auch dann, wenn man für Schichtzugehörigkeit kontrolliert.

9.2. Kabelanschluß, Fernsehhäufigkeit und Familienklima in 1316[2] Berliner Mehrpersonen-Haushalten

Die Ergebnisse der Begleitforschung zum Kabelpilotprojekt Ludwigshafen/ Vorderpfalz führen Elisabeth Noelle-Neumann zu der Vermutung, "daß der Einfluß auf das Familienleben genau umgekehrt ist, als jahrelang angenommen wurde" (1985, S. 119), nämlich positiv. Diese Vermutung wird dadurch gestützt, daß eine Gruppe von Personen aus Kabelhaushalten vor Beginn des Sendebetriebes und ein Jahr nach Beginn des Sendebetriebes bei vier von zwölf Items zum Familienleben zum zweiten Zeitpunkt positivere

2 Dies ist die Zahl der tatsächlich Befragten. Da durch die Untersuchungsanlage die verkabelte Bevölkerung überrepräsentiert ist, werden alle folgenden Berechnungen mit Gewichtungsfaktoren durchgeführt, sofern nicht ausdrücklich etwas anderes angemerkt ist. Alle Berechnungen mit Gewichtungsfaktoren können als repräsentativ für Berlin gelten. Die geringfügigen Unterschiede in den quantitativen Angaben im Vergleich zu den in anderen Kapiteln dieses Berichtes vorgetragenen Ergebnissen erklären sich daraus, daß wir in Kapitel 9.2. nur die Unterstichprobe aus Mehrpersonenhaushalten auswerteten.

Angaben machten als eine Kontrollgruppe von Personen, die das Kabelfernsehen nicht empfangen konnten: In der Testgruppe gab es nach einem Jahr Kabelfernsehen mehr Personen, die angaben, sich in ihrer Freizeit mit ihrer Familie zu beschäftigen (S. 120) und in ihrer Familie weitgehend die gleichen Interessen zu haben, sowie weniger Personen, die angaben, sie seien oft verschiedener Ansicht und die Stimmung sei bei ihnen öfter wegen Kleinigkeiten gereizt (S. 121). Man könnte gegen das Allensbach-Ergebnis kritisch einwenden, daß die Prozentunterschiede zwischen Test- und Kontrollgruppe zum zweiten Zeitpunkt in allen vier Fällen nicht sehr hoch waren (fünf, zehn und zweimal sechs Prozentpunkte Differenz) und möglicherweise nicht signifikant sind. Ähnliches gilt in drei von vier Fällen für die Veränderungen zwischen erstem und zweitem Meßzeitpunkt; und selbst, wenn eines von zwölf Items ein signifikantes Ergebnis erbracht haben sollte, dann könnte dies ebenfalls auf Zufall beruhen. Man könnte zusätzlich einwenden, daß allein die Tatsache des Kabelanschlusses weniger wirksam sein dürfte als die Art der Nutzung und insbesondere die Fernsehhäufigkeit.

Immerhin ist die hier gelegte Spur so sehr in Widerspruch zum kulturkritischen Teil der öffentlichen Meinung und damit aufregend genug, um weiter verfolgt zu werden. Auf der Grundlage der Allensbach-Untersuchung könnte man etwa die These formulieren, daß das durch das Kabelangebot ermöglichte häufigere Fernsehen zur Reduzierung von Familienkonflikten führt. Bei der Begleitforschung des Kabelpilotprojektes Berlin sind wir folgenden Weg gegangen, um die Wirkung des Kabelfernsehens auf das Familienklima zu prüfen. Wir haben zehn der zwölf Items aus der Allensbach-Untersuchung übernommen, darunter drei der vier Items, die in Ludwigshafen Unterschiede erbrachten. Wir versuchen so, teilweise mit etwas anspruchsvolleren statistischen Methoden und unter Einbeziehung der Fernsehhäufigkeit, die Ergebnisse aus Ludwigshafen zu wiederholen.

Je einer Repräsentativ-Stichprobe von verkabelten und nichtverkabelten Berlinern, die in einem Mehrpersonenhaushalt lebten, wurden Anfang 1986 und ein zweites Mal Anfang 1987 diese zehn Items zum Familienklima vorgelegt (vgl. Übersicht in Tabelle 9-3). Die Antworten konnten, anders als bei Allensbach, auf einer fünfstufigen Skala eingeordnet werden mit den Abstufungen (1)"trifft voll und ganz zu", (2)"trifft etwas zu", (3)"es ist mal so, mal so", (4)"trifft eher nicht zu" und (5)"trifft überhaupt nicht zu". Diese Abstufungen wurden eingeführt, um für statistische Berechnungen Ordinalskalen zur Verfügung zu haben. Es zeigte sich allerdings, daß alle zehn Skalen extrem schiefe Verteilungen aufweisen, weil vermutlich bereits die Antwort (2)"trifft etwas zu" als gewichtige Kritik des Familienklimas

TABELLE 9-3: Frage an Mehrpersonenhaushalte:

Was von dieser Liste trifft alles auf Sie hier zu?:
Abstufung auf einer 5-Punkte-Skala von "trifft voll und ganz zu" bis "trifft überhaupt nicht zu"
(Angaben in Prozent der Antwortvorgabe "trifft voll und ganz zu")*

		1986	1987
A	Wir halten zusammen, gehen zusammen durch dick und dünn	73	72
B	Wir unternehmen viel gemeinsam	57	51
C	Wir reden über alles, bei uns hält keiner mit seinen Problemen und Ansichten zurück	65	68
D	Wir unterhalten uns viel	57	58
E	Wir haben weitgehend die gleichen Interessen***	31	29
F	Wir lachen viel zusammen, haben viel Spaß	50	41
G	Mein Geburtstag wird in der Familie groß gefeiert	28	30
H	Wir sind oft verschiedener Ansicht***	34**	34**
I	Ich glaube, wir sind glücklicher als die meisten anderen Familien	30	26
J	Öfter ist die Stimmung bei uns wegen Kleinigkeiten gereizt***	26**	24**

* gewichtete Ergebnisse
** Hier sind "trifft voll und ganz zu" und "trifft etwas zu" zusammengefaßt.
*** Bei diesem Item gaben die verkabelten Befragten der Allensbach-Studie in Ludwigshafen etwas häufiger positive Antworten als die Nichtverkabelten.

aufgefaßt wurde, weshalb die Antwortvorgaben (4) und (5) bei den positiv formulierten Antwortvorgaben (A bis G und I) und die Antwortvorgaben (1) und (2) bei den negativ formulierten Antwortvorgaben (H und J) kaum noch vorkamen.

Männer und Frauen unterscheiden sich in ihrer Einschätzung des Familienklimas nicht. Aber mit zunehmendem Alter äußern sich die Befragten signifikant positiver. Erst ab 70 Jahren sinkt der Anteil positiver Antworten wieder leicht ab. Der Zusammenhang mit Beruf und Ausbildung ist weniger ausgeprägt. Bei sieben von zehn Familienklima-Variablen 1986 und bei vier von zehn Variablen 1987 bestand eine interpretierbare und signifikante, aber nur recht schwache Tendenz, daß Angehörige höherer Berufe sich positiv über das Familienklima äußern und daß Angehörige der Arbeiterschicht am meisten Kritik üben.

Für den Vergleich mit der Allensbach-Studie sind drei Antwortvorgaben, bei denen die Kabelfernseher in Ludwigshafen/Vorderpfalz in größerer Anzahl das Familienklima als positiv bezeichneten als die Nichtverkabelten, von besonderem Interesse:

E "Wir haben weitgehend die gleichen Interessen".
H "Wir sind oft verschiedener Ansicht".
J "Öfter ist bei uns die Stimmung wegen Kleinigkeiten gereizt".

Bei unserer Auswertung gehen wir in vier Schritten vor. Zunächst prüfen wir den Zusammenhang der Items zum Familienklima mit dem Verkabelungsstatus 1986 und 1987, dann mit der Fernsehhäufigkeit 1986 und 1987. Als drittes berechnen wir für jeden der beiden Zeitpunkte Regressionen, in denen wir die Familienklima-Variablen als abhängige, Verkabelungsstatus, Fernsehhäufigkeit und soziodemographische Merkmale als unabhängige Variablen behandeln. Zuletzt führen wir, allerdings notwendigerweise mit einer wesentlich kleineren Stichprobe (N = 467), einen Kontrollgruppenvergleich durch, der in etwa der Untersuchungsanlage von Allensbach entspricht.

9.2.1 Zusammenhang zwischen Verkabelungsstatus und Familienklima

Der Verkabelungsstatus als unabhängige Variable wurde mit den Fragen, ob ein Wohnungsanschluß und ein kabeltaugliches Fernsehgerät vorhanden ist, gemessen. Danach konnten in Mehrpersonenhaushalten 1986 10 % alle Kanäle empfangen, weitere 9 % konnten über ihren Kabelanschluß mit einem alten Gerät einige Kanäle empfangen, und 80 % hatten keinen Kabelanschluß in der Wohnung (vgl. Tabelle 9-4). 1987 hatte ein etwas größerer Anteil der Befragten Zugang zu allen Kabelprogrammen, nämlich 18 %. Weder 1986 noch 1987 bestand zwischen dem Verkabelungsstatus und den Variablen zum Familienklima ein bemerkenswerter Zusammenhang. 1986 war nur ein einziger und zudem äußerst kleiner Korrelationskoeffizient signifikant ($r = .04$, $p < .05$). 1987 waren zwar fünf Koeffizienten signifikant, die Zusammenhänge waren indessen so geringfügig (zwischen .04 und .11), daß dieses Ergebnis durchaus auf Zufall beruhen könnte. Hieraus kann man schließen, daß die Hypothese, in Familien mit Kabelanschluß nähmen die Konflikte ab, in Berlin eher unwahrscheinlich ist. Die Konflikte nehmen allerdings auch nicht zu, d.h. das Familienklima wird durch die Verkabelung, gemessen in der beschriebenen Weise, nicht beeinflußt. Zur Vorsicht werden wir in den Abschnitten 9.2.3 und 9.2.4 noch zwei weitere Tests vornehmen, um sicherzugehen, daß wir die Hypothese zu Recht verwerfen.

9.2.2 Zusammenhang zwischen Häufigkeit des Fernsehens und Familienklima

Wie erwähnt konnten wir feststellen, daß die Kabelbesitzer in Mehrpersonenhaushalten etwas häufiger bzw. länger fernsehen als diejenigen Fernsehzuschauer, die nur die üblichen Programme empfangen können, allerdings ist der Unterschied recht gering (1986: $r = .06$, $p < .001$; 1987: $r = .05$, $p < .01$). Die Häufigkeit des Fernsehkonsums hing leicht mit Variablen zum Familienklima zusammen. 1986 zeigten sieben der zehn Items schwache, aber signifikante Zusammenhänge mit der durchschnittlichen Fernsehhäufigkeit pro Tag einschließlich Samstag und Sonntag. Danach sagten Vielseher etwas häufiger als Wenigseher, die Familie hielte zusammen, es gäbe viele gemeinsame Unternehmungen, sie redeten über alles, sie hätten gleiche Interessen, feierten den Geburtstag groß und seien glücklicher als die meisten anderen Familien. Die Vielseher sagten aber auch etwas häufiger, die Stimmung sei wegen Kleinigkeiten gereizt (Korrelationskoeffizienten zwischen .09 und .14). Wie geringfügig dieser, wenn auch signifikante Zusammenhang ist, zeigt Tabelle 9-5. 1987 erbrachten acht von zehn Items leichte signifikante Zusammenhänge mit der Fernsehhäufigkeit, darunter wieder das Item über die gereizte Stimmung (Koeffizienten zwischen .04 und .15). Da diese Ergebnisse nicht sehr beeindruckend sind, kann man nur mit großer Vorsicht formulieren, daß ein leichter Zusammenhang bestand zwischen häufigem Fernsehkonsum und der Neigung, das

TABELLE 9-4: Verkabelung 1986 und 1987 in Mehrpersonenhaushalten (in Prozent)

	1986	1987
Kann alle Kanäle sehen	10.1	17.5
Kann einige Kanäle sehen	9.3	5.9
Kann das Kabelfernsehen nicht sehen	80.6	76.6
	100	100
N	3728*	1820*

* gewichtet

Familienklima als positiv zu bezeichnen, allerdings aber auch als stimmungsmäßig gereizter. Auch in bezug auf diese These wird die Analyse im nächsten Abschnitt mehr Klarheit erbringen.

9.2.3 Regressionsmodelle zur Vorhersage des Familienklimas

Gegenüber der bisherigen bivariaten Korrelationsanalyse haben Regressionsanalysen den Vorteil, daß bei der Berechnung jedes Effektes alle anderen Variablen, die in die Gleichung eingehen, konstant gehalten werden. Als abhängige Variablen haben wir die drei Items der Allensbach-Untersuchung (E, H, J) genommen, bei denen eine Wirkung des Kabelfernsehens behauptet wurde. Als unabhängige Variablen wurden der Verkabelungsstatus und die Fernsehhäufigkeit sowie Alter, Geschlecht, soziale Schicht und Ausbildung in die Gleichung aufgenommen. Mit diesem Modell wird also geprüft, ob sich die Verkabelung und die Fernsehhäufigkeit unabhängig voneinander auf Äußerungen zum Familienklima auswirken. Die Berechnungen ergaben, daß das Familienklima 1986 mit steigendem Alter und höherer sozialer Schicht als besser bezeichnet wurde. Der Verkabelungsstatus hatte hingegen 1986 und 1987 überhaupt keinen Einfluß. Die Fernsehhäufigkeit wirkt sich dagegen auf ein Item als stärkster Effekt signifikant aus, und zwar auf die öfter wegen Kleinigkeiten gereizte Stimmung. Der geringfügige Zusammenhang in Tabelle 9-5 bleibt also erhalten, wenn die anderen Faktoren konstant gehalten werden. Insofern bestätigt sich das Ergebnis, die Fernsehhäufigkeit beeinflusse die Neigung, die Stimmung in der Familie als häufig gereizt zu bezeichnen, zumal sich dieses in der Regression auch für 1987 sichern ließ (zweitstärkster Effekt). Unser Ergebnis kann also im Vergleich zu dem in Ludwigshafen gefundenen eher gegenteilig interpretiert werden. Dort war bei den Verkabelten, die durchschnittlich etwas häufiger fernsehen, der Anteil derer, die von gereizter Stimmung sprachen, zurückgegangen. Allerdings wurde in der Allensbach-Studie auf jede statistische Kontrolle und Prüfung verzichtet.

Als drittstärkster Effekt nach Alter und sozialer Schicht wirkt sich 1986 die Fernsehhäufigkeit auch auf die Aussage "wir haben weitgehend die gleichen Interessen" aus, dieser Effekt verschwindet aber 1987. Die Regressionsanalyse zeigt, daß sich der positive Einfluß der Fernsehhäufigkeit auf das Familienklima nur noch inkonsistent nachweisen läßt, wenn andere beeinflussende Faktoren wie Alter und soziale Schichtzugehörigkeit konstant gehalten werden. Dagegen bleibt der negative Effekt - auf Aussagen zur gereizten Stimmung - erhalten.

TABELLE 9-5: Zusammenhang zwischen Fernsehhäufigkeit und gereiztem Familienklima, 1986 (in Prozent)

Item: Öfter ist die Stimmung bei uns wegen Kleinigkeiten gereizt

	Durchschnittliche Fernsehhäufigkeit pro Tag einschließlich Samstag und Sonntag			
Gereizte Stimmung	bis 1 Std.	1-2 Std.	2-3 Std.	>3Std.
trifft voll u. ganz zu, trifft etwas zu	24	16	23	32
es ist mal so, mal so	19	29	20	22
trifft eher nicht zu	32	32	30	19
trifft überhaupt nicht zu	25	24	27	28
	100	100	100	100
N	200*	686*	1241*	1464*
	chi2 = 19.27978			p< .05

* gewichtet

9.2.4 Kontrollgruppenvergleich zur Wirkung des Kabelfernsehens

Im Berliner Begleitforschungsprojekt konnte, wie bereits erwähnt (vgl. Kapitel 4.2.), eine echte Null-Messung vor Beginn des Kabelfernsehens nicht durchgeführt werden. Dennoch läßt sich ein Kontrollgruppenvergleich ähnlich wie für Ludwigshafen durchführen, weil ein Teil der Befragten zum Zeitpunkt 1986 noch nicht kabelfernsehen konnte, zum Zeitpunkt 1987 aber an das Kabelnetz angeschlossen war. Insgesamt hatten 88 Personen in Mehrpersonenhaushalten ihren Verkabelungsstatus so geändert, daß sie 1986 keinen Anschluß bzw. kein kabeltaugliches Gerät hatten, 1987 aber über Anschluß und ein voll kabeltaugliches Gerät verfügten. Diese Gruppe wird hier als "Testgruppe" herangezogen. Als Kontrollgruppe dienen 379 Personen, die zu beiden Zeitpunkten über kein kabeltaugliches Gerät verfügten.

Für diesen Kontrollgruppenvergleich haben wir die drei Antwortvorgaben der Items E "gleiche Interessen", H "oft verschiedener Meinung" und J "öfter Stimmung gereizt" dichotomisiert und für Testgruppe und Kontrollgruppe die Antworten von 1986 und 1987 verglichen (vgl. Tabelle 9-6). Alle Unterschiede zwischen Test- und Kontrollgruppe waren weder für 1986 noch für 1987 signifikant. Die Veränderungen zwischen 1986 und 1987 wurden für die Test- und Kontrollgruppe mit dem chi^2-Test nach McNemar getestet. Dabei gab es keine signifikanten Unterschiede, d.h. alle Veränderungen in der Tabelle 9-3 beruhen auf Zufall und können nicht verallgemeinert werden.

Dies bedeutet, daß sich die Meinung über das Familienklima in der Testgruppe nicht geändert hatte, nachdem das Kabelfernsehen zur Verfügung stand. Auch die Stimmung wurde nicht signifikant häufiger gereizt. Die Ergebnisse von Ludwigshafen, die vermuten ließen, unter dem Kabeleinfluß werde das Familienklima besser, ließen sich für Berlin auch mit diesem letzten Überprüfungsversuch nicht wiederholen.

Insgesamt lassen sich aus der bisherigen Analyse folgende Ergebnisse formulieren:

(1) Die Verkabelung hat keinen direkten positiven oder negativen Effekt auf Äußerungen zum Familienklima.

(2) Es besteht eine schwache Tendenz, daß mit zunehmendem Alter und steigender sozialer Schicht das Familienklima als positiver bezeichnet wird.

(3) Zusätzlich wirkt sich die Fernsehhäufigkeit geringfügig dahingehend aus, daß die Stimmung in der Familie als gereizt bezeichnet wird.

Da somit recht wahrscheinlich ist, daß die Verkabelung als Einzeldatum kaum eine Beziehung zu Indikatoren des Familienklimas haben dürfte,

TABELLE 9-6: Veränderungen in den Familienklimavariablen "Gleiche Interessen, "Verschiedene Ansicht" und "Gereizte Stimmung" in einer Test- und Kontrollgruppe zwischen 1986 und 1987 (in Prozent; ungewichtet)

	Testgruppe		Kontrollgruppe	
	1986 ohne Kabel	1987 mit Kabel	1986 ohne Kabel	1987 ohne Kabel
Gleiche Interessen	58	56	65	61
Nicht gleiche Interessen	42	44	35	39
%	100	100	100	100
N	88	88	379	379
	n.s.[a)]		n.s.	
Oft verschiedener Ansicht	71	69	71	76
Nicht oft verschiedener Ansicht	30	31	29	24
%	100	100	100	100
N	88	88	377	377
	n.s.		n.s.	
Öfter Stimmung gereizt	42	49	50	49
Nicht öfter Stimmung gereizt	58	51	50	51
%	100	100	100	100
N	86	86	374	374
	n.s.		n.s.	

a) nicht signifikant

wenden wir uns im folgenden der aussichtsreicheren Frage zu, ob die Häufigkeit des Fernsehkonsums über drei Befragungswellen hinweg einen Einfluß auf das emotionale Verhältnis von Kindern zu ihren Eltern hat. Die Analyse stützt sich dabei auf die Aussagen der Kinder und ihrer Eltern aus der Familienstichprobe.

9.3 Wirkung des Fernsehkonsums auf das Familienklima in der Familienstichprobe

Das emotionale Verhältnis der Familienmitglieder zueinander ist geprägt von Erfahrungen, die über längere Zeit immer wieder relativierend und stabilisierend wirken. Auswirkungen des Fernsehens auf dieses Verhältnis dürften dann leichter nachweisbar sein, wenn das Fernsehverhalten über eine gewisse Zeitspanne stabil ist. Aufgrund der Erhebung der Daten in drei Wellen über einen Untersuchungszeitraum von über zwei Jahren kann der längerfristige Fernsehkonsum festgestellt werden. Eine über diese Zeit summierte Variable "Fernsehkonsum" gibt Auskunft über akkumuliertes Fernsehenverhalten, ist robuster gegenüber kurzfristigen Schwankungen und minimiert so mögliche Meßfehler. Im folgenden werden diese summierten Variablen "Fernsehkonsum" der Eltern und der Kinder als unabhängige Variablen benutzt.

Die in Tabelle 9-3 dargestellten Items der Allensbach-Untersuchung wurden einzeln, aber auch als Indexvariablen einer Familienklimaskala genutzt. Die Qualität der aus sechs Items (A bis F) gebildeten Skala erscheint mit einem Alpha von 0.8 (Cronbachs Alpha mit Item-Gesamtwertanalyse) für die Kinder und Alpha von 0.7 für die Eltern zufriedenstellend. Die Unterschiede in der Beurteilung der häuslichen Atmosphäre durch die Eltern und Kinder sind auffällig, ein Phänomen, welches bei vielen Untersuchungen zur Übereinstimmung der beiden Generationen beobachtet wird (Oswald 1989). Die beiden Skalen, die jeweils die Wahrnehmung des Familienklimas durch die Kinder und durch die Eltern darstellen, können deshalb nicht zu einer Skala zusammengefaßt werden.

Weder der Fernsehkonsum der Eltern, noch der Kinder steht in einem Zusammenhang mit dem Familienklima in der Gesamtgruppe. Diese Ergebnisse gelten sowohl für die Klimaeinschätzung der Eltern als auch der Kinder. Der Fernsehkonsum erhöht auch nicht die Konflikte in der Familie. Berechnet man die Zusammenhänge für Jungen und Mädchen allerdings getrennt, dann zeigt sich, daß Jungen, die häufig fernsehen, das Familienklima positiver beurteilen als Jungen, die wenig fernsehen ($r = .22$, $p < .05$).

Das Ergebnis wird etwas differenzierter, wenn man als abhängige Variablen die beiden fünfstufigen Variablen "emotionales Verhältnis zum Vater" und "emotionales Verhältnis zur Mutter" aus der Untersuchung von Allerbeck/Hoag (1985) benutzt.[3] Danach verschlechtert sich mit steigendem Fernsehkonsum der befragten Väter bzw. Mütter das emotionale Verhältnis der Söhne zum Vater ($r = -.37$, $p < .01$). Das Verhältnis der Söhne zur Mutter verbessert sich dagegen ($r = .33$, $p < .01$). Mehr Fernsehen der Söhne wirkt sich außerdem positiv auf das Verhältnis zur Mutter aus ($r = .21$, $p < .05$). Eine Regressionsanalyse, in die zusätzlich soziale Schicht, Geschlecht und besuchte Schule als Variablen einbezogen werden, zeigt indessen, daß nicht mehr als 5% der Varianz erklärt werden können. Die Wirkung der Fernsehhäufigkeit auf die Eltern-Kind-Beziehung bzw. das Familienklima ist also, falls überhaupt vorhanden, sehr gering und zudem inkonsistent, d.h. in bezug auf Mütter leicht positiv, in bezug auf Väter leicht negativ. Dieses wenig beeindruckende Ergebnis ist um so bemerkenswerter, als es Bestand hat, gleichgültig, ob man die Angaben der Kinder oder der Eltern zugrunde legt und gleichgültig, ob man die Items bzw. Skalen der Allensbach-Untersuchung zum Familienklima als zu erklärende Variable benutzt oder Indikatoren, die eher auf Liebe und Verständnis zwischen Vätern bzw. Müttern und ihren jugendlichen Kinder abheben. Das weitgehend negative Ergebnis ist auch deshalb glaubhaft, weil der über drei Meßzeitpunkte hinweg gemessene Fernsehkonsum in kumulierter Form als Indikator benutzt wurde, der recht zuverlässig sein dürfte.

Bonfadelli (1981) zitiert eine Studie von Kellner (1978), die zu unserem Ergebnis in Widerspruch stehen könnte. Nach der referierten Psydata-Studie besteht ein Zusammenhang zwischen zunehmendem Fernsehkonsum und abnehmender Interaktionsqualität in der Familie. Die Nachprüfung des Aufsatzes von Kellner erweckt allerdings Zweifel daran, ob die in 85 Familien beobachtete Interaktionsqualität auch bei konstant gehaltener sozialer Schichtzugehörigkeit in deutlichem direkten Zusammenhang mit dem Fernsehkonsum steht. Insofern behalten wir die Hypothese bei, daß sich die Fernsehdauer nicht oder doch nur schwach direkt auf das Familienklima

---

3 "Wir haben uns lieb und bedeuten uns alles", "Wir verstehen uns und kommen gut miteinander aus", "Es gibt gelegentlich Meinungverschiedenheiten", "Wir verstehen uns nicht oft, es gibt häufig Meinungsverschiedenheiten", "Unser Verhältnis ist schlecht, es gibt ständig Schwierigkeiten"; die sechste Antwortvorgabe "Wir kümmern uns nicht umeinander" wurde nicht mit einbezogen, weil sie auf einer anderen Dimension liegt. Die wenigen Befragten, die diese Antwort wählten (1986 elf in bezug auf Väter, drei in bezug auf Mütter), wurden nicht in die Auswertung einbezogen.

auswirkt. Das Ergebnis von Luger (1985 für Österreich), daß Vielsehen mit einem schlechten Familienklima zusammenhänge, kann nicht unbedingt als Gegenbeleg dienen, da es sich nur auf wenige Fallanalysen stützt.

Unser Ergebnis ist auch mit dem von Schneewind u.a. (1983) kompatibel, die in bivariaten Analysen zwar moderate Zusammenhänge zwischen Familienklima und emotionalem Verhältnis einerseits und Fernsehnachfrage von 8- bis 14jährigen Kindern andererseits herausfanden, die aber in einem Kausalmodell zeigen konnten, daß sich diese emotionalen Variablen fast nur über die Restriktion des Fernsehkonsums auswirkten. Bei gutem und liebevollem Klima wird der Fernsehkonsum der Kinder von den Eltern in offensichtlich einsichtiger Weise eingeschränkt, und das senkt die Fernsehnachfrage der Kinder.

Da bei unseren Jugendlichen wegen ihres Alters und des häufigen Besitzes eines eigenen Apparates die direkte Kontrolle des Fernsehens nur noch von geringer Bedeutung sein dürfte, stellten wir uns zusätzlich die Frage, ob die Art des Fernsehens in Zusammenhang mit dem Familienklima steht. Diese Analyse wird mit dem Datensatz der dritten Welle (1988, N=192) durchgeführt.

Hierzu unterzogen wir 20 Items zur Art des Fernsehkonsums nach Angaben der Jugendlichen einer Faktorenanalyse. Drei der sechs Faktoren stehen in einem plausiblen Zusammenhang mit der Familienklimaskala (nach Angaben der Jugendlichen). Wenn die Familie selten zusammen fernsieht (zwei Items: "Wir sehen überwiegend gemeinsam fern", "Ich sehe nicht gern allein fern"), wenn das Fernsehen von den Jugendlichen als Ersatz für andere Aktivitäten genommen wird (3 Items: "Im Fernsehen ist meist mehr los als bei uns zu Hause", "Manchmal kommen wir wegen des Fernsehens gar nicht dazu, uns gegenseitig über wichtige tägliche Erlebnisse zu berichten", "Wir sehen häufig beim Essen fern") oder wenn die Jugendlichen feststellen, daß sie einen anderen Fernsehgeschmack hätten als ihre Familie (2 Items: "Über das, was wir sehen wollen, sind wir uns immer einig", "Wir haben einen sehr unterschiedlichen Geschmack in bezug auf das Fernsehprogramm"), dann steht dies in negativem Zusammenhang mit dem Familienklima. Die drei Faktoren zusammen erklären 23% der Varianz in der Variablen Familienklima. (Dies ändert sich nur unwesentlich, wenn man Alter, Geschlecht und soziale Schicht in das Modell einbezieht.) Am stärksten wirkt sich der Faktor "Fernsehen als Ersatz" aus.

Dieses Ergebnis deutet darauf hin, daß es jugendliche Problemfernseher gibt, bei denen das Familienklima (wie auch die Beziehungen zu Gleichaltrigen) gestört ist. Dabei kann offen bleiben, was die Ursache und was die Wirkung ist. Es könnte sein, daß sich die Fallanalysen von Luger (1985) auf diese Problemgruppe beziehen. Man müßte dann etwa folgendermaßen verallgemeinern: Zwar gibt es keinen direkten linearen und deutlichen Zusammenhang zwischen der Häufigkeit des Fernsehens und dem Familienklima oder dem emotionalen Verhältnis zwischen Eltern und Kindern; es gibt aber eine quantitativ nicht allzu große Gruppe jugendlicher Problemseher, die unter gestörten Familienbeziehungen ebenso leiden wie unter Isolation von Gleichaltrigen.

10 Kabelfernsehen und Politik: Die Nutzung des politischen Informationsangebotes

Ohne die Vermittlungsleistung der Massenmedien ist politische Information, die eine wichtige Grundlage der Meinungsbildung ist, kaum mehr vorstellbar. Da sich einerseits die politischen Entscheidungsprozesse immer mehr aus dem unmittelbaren Erfahrungsbereich des Individuums entfernen, andererseits infolge wachsender gesellschaftlicher Interdependenzen die Betroffenheit durch politische Entscheidungen zunimmt, stellen die Masssenmedien eine wichtige Brücke dar zwischen dem Individuum und der Welt der Politik.

Das Wirkungspotential des Fernsehens für die politische Meinungsbildung liegt zum einen in der hohen Glaubwürdigkeit, die diesem Medium - mehr als den Printmedien und dem Radio - von seinen Nutzern zugeschrieben wird (siehe Berg/Kiefer 1987). Zum anderen wird mit der Visualität der Darstellung die Vermutung verknüpft, daß hierdurch in höherem Maße die Aufmerksamkeit der Zuschauer erweckt wird und damit politische Botschaften die Selektionsbarrieren der Rezipienten leichter überwinden können.

Im folgenden soll die Nutzung der durch das Fernsehen angebotenen politischen Information untersucht werden. Gerade in diesem Bereich wurden negative Folgen durch Ausweitung und Privatisierung des Programmangebots befürchtet, da Informationssendungen neben der erhöhten Unterhaltungsoption bei der Mehrzahl der Zuschauer nicht konkurrieren könnten.

Um zu ermitteln, in welchem Maße die Befragten das aktuelle Informationsangebot des Fernsehens nutzen, wurde danach gefragt, wie häufig die aktuellen Nachrichten und die Nachrichtenmagazine der beiden öffentlich-rechtlichen Rundfunkanstalten gesehen werden.[1] Die Verteilungen der Repräsentativbefragung der ersten Welle finden sich in Tabelle 10-1 (a). Demnach sehen 73 % aller Befragten täglich mindestens eine Nachrichtensendung, und nur 6 % tun dies nur einmal in der Woche oder seltener. Für die

---

1 Der genaue Fragewortlaut war:
"Wie oft sehen Sie normalerweise eine Nachrichtensendung von ARD oder ZDF, also die 'Tagesschau', die 'Tagesthemen', 'Heute' oder das 'Heute-Journal'. Sehen Sie diese Sendungen normalerweise:
- weniger als einmal in der Woche
- einmal in der Woche
- ein paar Mal in der Woche
- einmal täglich
- mehrmals täglich"

TABELLE 10-1: Nachrichtennutzung und Verkabelung, 1986 (in Prozent)

NACHRICHTEN-NUTZUNG	Verkabelt	Nicht Verkabelt	Gesamt
a) Häufigkeit			
weniger 1x /Woche	3	2	2
1x /Woche	4	5	4
ein paarmal /Tag	22	20	21
1x /Tag	51	51	52
mehrmals Tag	20	22	21
	100	100	100
b) Anteil			
niedrig	33	34	33
mittel	35	35	35
hoch	32	31	32
	100	100	100

ganz überwiegende Mehrheit der Bürger gehört die Zuwendung zur aktuellen Politik also zur Alltagsroutine. Verkabelte und Nichtverkabelte unterscheiden sich hierin nicht.

a) Nachrichtenanteil

Da die Zuwendung zu den aktuellen politischen Nachrichten in hohem Maße Routine ist, sagt die Häufigkeit der Nutzung aber zunächst wenig darüber aus, wie aufmerksam jemand die übermittelten Informationen verfolgt und in bestehende Wissensbestände integriert. Das Einschalten der Hauptnachrichtensendung kann zeitstrukturierende Funktion haben und den Abend "einläuten", außergewöhnliche Ereignisse oder die Notwendigkeit politischer Entscheidung im Rahmen von Wahlen können zeitweise zu einer höheren Informationssuche führen, schließlich kann ein Individuum generell das Bedürfnis haben, politisch informiert und am politischen Prozeß beteiligt zu sein.

Betrachtet man den Zusammenhang von Nachrichtenkonsum und allgemeinem Fernsehkonsum (Tabelle 10-2), zeigt sich, daß diejenigen, die insgesamt viel Zeit mit Fernsehen verbringen, auch zu einem höheren Anteil häufig (mindestens einmal täglich) Nachrichten sehen. Dies legt die Vermutung nahe, daß hier die Nachrichten oftmals weniger aufgrund intentionaler Informationsnachfrage gesehen werden, sondern eher weil sie Teil des Programmablaufs sind. Da im Laufe eines Abends wiederholt Nachrichten gesendet werden, ist unklar, wieviel Aufmerksamkeit den Nachrichten entgegengebracht wird, wenn sie als Teil des fortlaufenden Programms gesehen werden. Die Vermutung wird dadurch unterstützt, daß zwischen der Häufigkeit der Nachrichtenrezeption und politischem Interesse kein Zusammenhang besteht ($r = .04$).

Um die politische Fernsehnutzung zu erfassen, ist also eine differenziertere Spezifizierung als nur die Darstellung der Häufigkeit des Nachrichtenkonsums notwendig. Wir haben deswegen den Index "Nachrichtenanteil" gebildet, der die Rezeption politischer Sendungen zur gesamten Fernsehdauer ins Verhältnis setzt. Es werden also sowohl die Angaben zur Gesamtdauer des Fernsehkonsums pro Woche als auch die Häufigkeit des Nachrichtensehens berücksichtigt, so daß die Nachrichtennutzung als *Anteil* an der gesamten Fernsehdauer ausgedrückt wird. Die Kategorien dieses Index können zwar nicht im Sinne natürlicher Zeiteinheiten interpretiert werden - wie es bei dem Index "Allgemeine Fernsehdauer" möglich ist -, sind aber ein genaues Maß für die relative Häu-

TABELLE 10-2: Häufigkeit der Nachrichtennutzung und allgemeine Fernsehdauer, 1986 (in Prozent)

NACHRICHTENNUTZUNG Häufigkeit	FERNSEHDAUER		
	niedrig	mittel	hoch
weniger 1x /Woche	5	0	1
1x /Woche	10	1	0
ein paarmal /Woche	37	18	7
1x /Tag	39	63	57
mehrmals Tag	9	18	35
	100	100	100

figkeit der Nachrichtenrezeption. So werden die Ausprägungen des Index größer, wenn die Häufigkeit, mit der politische Nachrichten gesehen werden, wächst und die gesamte Fernsehdauer des Individuums gleich bleibt. Sie wachsen auch dann, wenn bei gleichbleibender Nachrichtenhäufigkeit die gesamte Fernsehdauer abnimmt.[2]

Durch die beschriebene Vorgehensweise kann indirekt Aufmerksamkeit und selektive Zuwendung zu politischer Information abgebildet werden. Die Annahme ist, daß eine Person, die insgesamt wenig fernsieht, aber häufig Nachrichten einschaltet, diese gezielt auswählt und sich ihnen aufmerksam zuwendet. Eine solche Selektivität ist wahrscheinlich in geringerem Maße für den Fall gegeben, in dem zwar ebenso häufig Nachrichten gesehen werden, der gesamte Fernsehkonsum aber hoch ist.

Diese Überlegungen werden dadurch gestützt, daß sich der Zusammenhang zwischen Nachrichtenanteil und politischem Interesse in einem Korrelationskoeffizienten von .22 ausdrückt, während - wie erwähnt - zwischen Nachrichtenhäufigkeit und politischem Interesse kein Zusammenhang besteht. Wie aus Tabelle 10-3 zu ersehen ist, verändert sich auch das Vorzeichen für die Korrelationen mit den wichtigsten, politisches Verhalten erklärenden Variablen.

b) Bedingungsfaktoren

Wenn hier im folgenden soziodemographische Merkmale und politische Wertorientierungen verwendet werden, um die Nachrichtennutzung eines Individuums zu erklären, so wird angenommen, daß diese Indikatoren mit Faktoren und Konzepten verknüpft sind, auf die der Einfluß auf das Informationsverhalten zurückgeführt werden kann.

So ist es nicht das biologische **Alter**, das mit der Nachrichtennutzung in Zusammenhang steht, sondern Faktoren der spezifischen politischen Sozialisation, die von historischen Gegebenheiten geprägt ist und demzufolge ein jeweils unterschiedliches Verhältnis der Individuen zur Politik hervorbringt. Es wird angenommen, daß der politische Sozialisationsprozeß im wesentlichen bis zum 20. Lebensjahr abgeschlossen ist (vgl. Fogt 1982). Entsprechend den Angaben zum Geburtsjahr haben wir drei politische Sozialisationsphasen unterschieden. Die Periode von 1871 bis 1927 ist gekennzeichnet durch den Untertanengeist des Kaiserreiches und die beginnende Demokratisierung der Bevölkerung während der Weimarer

2 Der höchste mögliche Indexwert beträgt 1000, der niedrigste 4.08.

TABELLE 10-3: Korrelate der Nachrichtennutzung (Pearson's r)[a)], 1986

NACHRICHTEN NUTZUNG	Analyse-gruppe	Alter	Geschlecht	Schul-bildung	Polit. Interesse	Links/ Rechts	Inglehart-Index	Präferenz Unterhaltung
Häufigkeit	.05**	.29**	-.01	-.22*	.04*	.08**	.23**	.11**
Anteil	-.01	-.21**	.01	.33**	.22**	-.13**	-.22**	-.22**

a) p: ** = <0.01, * =<0.05

Republik, die sich aber als instabil erwies und letztendlich scheiterte. Die Periode von 1928 bis 1947 ist dominiert vom Nationalsozialismus mit seiner Mobilisierung aller Lebensbereiche und der totalitären Gleichschaltung unterschiedlicher politischer Strömungen. Die Politik drang zwar bis in den Alltag vor, eine kritische Auseinandersetzung war jedoch nicht möglich. Die dritte Periode von 1948 bis 1967 umfaßt die fortschreitende Demokratisierungsphase der Bundesrepublik, in der sich das Funktionieren der politischen Institutionen bewährte und das Vertrauen der Bürger in die demokratische Regierungsweise stetig zunahm. Seit den sechziger Jahren hat insbesondere die jüngere Generation vermehrt Partizipationsansprüche an das politische System herangetragen. Die Themen der politischen Auseinandersetzung und der Entscheidungsprozeß selbst haben sich seitdem gewandelt.

Ein Vergleich des mittleren Nachrichtenanteils (Tabelle 10-4, auch im folgenden) zeigt eine lineare Entwicklung, wonach dieser bei Befragten, die während des Kaiserreiches und der Weimarer Republik ihre prägenden politischen Erfahrungen sammelten, am niedrigsten ist. Hierin drückt sich eine auch langfristig fortdauernde größere Distanz zum politischen Geschehen aus.

Die **Geschlechtszugehörigkeit** verweist auf unterschiedliche gesellschaftliche Rollendefinitionen, die Frauen eher auf die private, häusliche Sphäre, Männer eher auf die öffentliche und damit politische Sphäre festlegt. Gerade hier haben aber in den letzten Jahrzehnten tiefgreifende Veränderungen eingesetzt: Politik ist durchaus nicht mehr nur Männersache.

Dementsprechend sind auch keine Unterschiede hinsichtlich des durchschnittlichen Nachrichtenanteils zwischen Frauen und Männern festzustellen. Allerdings zeigt der hohe Korrelationswert von $r = .22$ zwischen politischem Interesse und Geschlecht, daß der Emanzipationsprozeß im Bereich der Politik noch nicht abgeschlossen ist. Er hat offenbar das Informationsverhalten eher erreicht als die Motivation.

Die formale **Schulbildung** ist ein Indikator dafür, in welchem Maße jemand die Möglichkeit hatte, kognitive Kompetenzen zu entwickeln. Hierzu gehört zunächst ein Bestand an Grundwissen über die Funktionsweise des politischen Systems, darüber hinaus aber auch die Fähigkeit, Schemata zur Verarbeitung neuer Informationen aufzubauen, wodurch Einzelinformationen Sinn und Bedeutung erhalten (vgl. Graber 1984).

Eine Betrachtung der Mittelwerte des Nachrichtenanteils zeigt, daß dieser für formal besser Gebildete deutlich höher ist als der für niedrigere Bildungsgruppen. Dies in Verbindung mit der Tatsache, daß Personen mit hohem Schulabschluß das Mehr an Information auch besser verarbeiten und

TABELLE 10-4: Nachrichtenanteil und soziodemographische Merkmale, Motivation, politische Einstellungen, Medienumwelt; 1986 (Mittelwert; in Klammern: Standardabweichung)

	NACHRICHTENANTEIL	
Soziodemographische Merkmale		
- Geschlecht		
Frauen	35.2	(29.7)
Männer	36.1	(27.0)
- Sozialisationsperiode		
1948 - 1967	43.0	(37.0)
1928 - 1947	35.7	(26.1)
1871 - 1927	26.9	(14.9)
- Schulbildung		
niedrig	27.4	(15.3)
mittel	38.7	(32.5)
hoch	52.4	(38.1)
Motivation		
- Politisches Interesse		
gar nicht	28.9	(20.9)
nicht besonders	29.0	(16.9)
nicht so stark	32.7	(20.4)
stark	38.4	(29.0)
sehr stark	49.3	(46.0)

Forts. TABELLE 10-4: Nachrichtenanteil und soziodemographische Merkmale, Motivation, politische Einstellungen, Medienumwelt;1986

	NACHRICHTENANTEIL	
Politische Einstellungen		
- Links-Rechts-Selbsteinschätzung		
Links	47.0	(38.4)
Mitte-Links	36.2	(31.5)
Mitte-Rechts	30.1	(19.6)
Rechts	36.1	(28.9)
- Inglehardt-Index **)		
Postmaterialisten (PM)	46.4	(39.2)
PM-Mischtyp	36.6	(27.5)
M-Mischtyp	29.5	(17.6)
Materialisten (M)	29.3	(16.9)
Medienumwelt		
- Kabelanschluß		
ja	35.2	(27.6)
nein	35.7	(28.6)
- Präferenz Unterhaltung		
niedrig	43.2	(34.0)
	33.4	(27.8)
	31.4	(21.1)
hoch	25.0	(10.7)
Gesamtbevölkerung	35.6	(28.4)

strukturieren können, unterstreicht die Relevanz der Hypothese von der Wissenskluft (Bonfadelli 1987). Eigene Analysen haben jedoch auch gezeigt, daß das politische Informationsangebot des Fernsehens gerade für schlechter ausgebildete Personen eine wichtige Möglichkeit darstellt, ein konsistentes Verständnis politischer Streitfragen zu entwickeln (Voltmer 1992).

Politisches Interesse kann als Hinweis darauf gelten, inwieweit ein Individuum motiviert ist, dem politischen Geschehen Aufmerksamkeit entgegenzubringen und sich politischer Information zuzuwenden. Diese Motivation wird dadurch verstärkt, daß politische Interessiertheit den Charakter einer sozialen Norm angenommen hat, die ein Merkmal eines "guten Staatsbürgers" ist. Es bleibt allerdings offen, inwieweit auch unpolitische Gründe, wie z.B. die Faszination von Politik als Spektakel, der die visuelle Darstellung des Fernsehens sicherlich in höherem Maße entgegenkommt als andere Medien, für das subjektive Interesse an Politik eine Rolle spielen (Klingemann 1979; van Deth 1989).

Die deutlich ansteigende Tendenz des mittleren Nachrichtenanteils entsprechend dem Grad des politischen Interesses bestätigt die Bedeutung der Motivation für das politische Informationsverhalten.

Schließlich wollen wir neben den bisher diskutierten Merkmalen des Individuums auch politische Wertorientierungen in die Analyse mit einbeziehen. Diese sind gesellschaftlich definierte Codes, die dem einzelnen als Interpretations- und Bewertungsmaßstab politischer Sachverhalte dienen. Die wichtigsten Dimensionen politischer Wertorientierungen sind das Links-Rechts-Schema und die materialistische/post-materialistische Orientierung (Conover/Feldman 1981; Fuchs/Klingemann 1989; Inglehart 1971). Mit den Polen dieser beiden Dimensionen sind jeweils bestimmte Implikationen zur Rolle des Bürgers im politischen Prozeß verknüpft.

Der rechte Pol politischer Ideologien, die der **Links-Rechts-Dimension** zuzuordnen sind, beinhaltet eher eine Bejahung des Status quo, während der linke Pol die Veränderungsnotwendigkeit und Veränderbarkeit dieses Status quo postuliert. Ein wichtiges Ziel der Veränderung ist die Herstellung von mehr Gleichheit in der Gesellschaft. Da diese Einstellungsposition unter einem stärkeren Begründungszwang steht und damit auch in höherem Maße informationsabhängig ist, ist bei Personen mit einer eher linken Orientierung eine ausgeprägtere kognitive Zuwendung zum politischen Geschehen zu erwarten.

Die Durchschnittswerte des Nachrichtenanteils bestätigen dies: je stärker sich die Befragten auf der verwendeten 10er-Skala auf dem linken Bereich einordnen, desto höher ist der Nachrichtenanteil. Die Beziehung verläuft allerdings nicht vollständig linear. Diejenigen, die sich deutlich rechts einstufen, liegen in ihrer Informationsnachfrage ebenfalls über dem Durchschnitt der Bevölkerung, wenngleich nicht in dem Maße wie die Linken. Die Verbindlichkeit, die ein ideologisches Bezugssystem für ein Individuum hat, trägt also ebenfalls zu einer stärkeren Zuwendung zu politischer Information bei.

Von den vorgegebenen **postmaterialistischen Zielen** (Inglehart-Index) beinhaltet eines den Aspekt politischer Partizipation ("mehr Einfluß der Bürger auf die Entscheidungen der Regierung"), während die materialistischen Ziele ("Aufrechterhaltung von Ruhe und Ordnung", "Kampf gegen steigende Preise") nur durch das Tätigwerden des Staates erreicht werden können. Auch hier stellen beide Orientierungen unterschiedliche Anforderungen an die Informiertheit des einzelnen, die entsprechend in einem höheren Nachrichtenanteil bei den Postmaterialisten zum Ausdruck kommt.

Die **Medienumwelt** im Sinne einer Verfügbarkeit der neuen Kabelprogramme steht in keinem erkennbaren Zusammenhang mit der Nachrichtennutzung. Dagegen ist der Nachrichtenanteil um so niedriger, je ausgeprägter die Präferenz für Unterhaltungsprogramme ist.

Bei Konstanthalten der diskutierten Einflußfaktoren tragen kognitive Kompetenz und Motivation am meisten zur Erklärung bei, in welchem Maße das aktuelle politische Informationsangebot des Fernsehens wahrgenommen wird (Schulbildung, Beta = .20, politisches Interesse, Beta = .15; siehe Tabelle 10-5). Als deutlich negativer Faktor erweist sich die politische Sozialisation in nichtdemokratischem gesellschaftlichen Kontext (Alter, Beta = -.15) sowie die Präferenz für Unterhaltung (Beta = -.14). Die politischen Wertorientierungen tragen in diesem Modell sehr viel weniger zur Erklärung bei, als die bivariaten Verteilungen vermuten ließen (Links-Rechts-Selbsteinstufung, Beta = .01; Inglehart-Index, Beta = -.06). Das bei linker und postmaterialistischer Orientierung vermutete höhere Informationsbedürfnis geht also wahrscheinlich auf andere Faktoren, wie Schulbildung, zurück. Allerdings konnten wir im Rahmen einer anderen Untersuchung zeigen, daß linke und postmaterialistische Wertorientierungen in Interaktion mit einer hohen Nachrichtennutzung die Bereitschaft zu unkonventioneller politischer Beteiligung verstärken (Klingemann/Voltmer 1989). Dieser Befund läßt die Annahme zu, daß die Wertorientierung zwar keinen Einfluß auf den Umfang der Nachrichtennutzung hat, daß aber aus den durch die Massenmedien vermittelten Informationen entsprechend der

TABELLE 10-5: Erklärungsfaktoren der Nachrichtennutzung, 1986

ABHÄNGIGE VARIABLE: Nachrichtenanteil[a)]

Analyse-gruppe	Alter	Schul-bildung	Polit. Interesse	Links/ Rechts	Ingelhart-Index	Präferenz Unterhaltg.	Konst.	R^2 [b)]
-.03	-.15**	.20**	.15**	-.01	-.06**	-.14**		.19**
(-1.95)	(-.26)	(7.53)	(3.54)	(-.19)	(-.63)	(-3.66)	(39.60)	(.44)

a) Zelleneingänge: standardisierte Regressionskoeffizienten; in Klammern unstandardisierte Regressionskoeffizienten
Signifikanzniveau: ** = <0.01, * = <0.05
Ausschluß fehlender Werte: listwise
b) In Klammern: Multiples R

individuellen Wertorientierung jeweils unterschiedliche Implikationen für das eigene Handeln abgeleitet werden.

Die Längsschnittanalyse (Tabelle 10-6) zeigt auch im hier diskutierten Zusammenhang ein weitgehendes Verschwinden stabiler Strukturen. Auf das Phänomen der Koinzidenz von Aggregatstabilität und individueller Fluktuation haben auch die Ergebnisse anderer Panelforschungen aufmerksam gemacht (Kaase 1986). Zusammenhänge, die sich in Querschnittsuntersuchungen immer wieder bestätigen lassen, können bei einer Betrachtung individueller Stabilität und Veränderung größtenteils nicht mehr nachgewiesen werden. Sie sind also weit weniger Merkmale von Individuen als vielmehr von kollektiven Einheiten.

Bei der Erklärung der Nachrichtennutzung im Zeitverlauf erweist sich vor allem die Schulbildung als stabil signifikant (Beta t_2 = .24; Beta t_3 = .12). Politisches Interesse ist in der Longitudinalanalyse hingegen bedeutungslos. Hier zeigt sich sicherlich am deutlichsten die erwähnte Widersprüchlichkeit von Individual- und Aggregatstrukturen.

Hervorzuheben ist, daß sich die Bedeutung der Präferenz für Unterhaltungssendungen im Zeitverlauf bestätigen läßt, insbesondere für den dritten Befragungszeitpunkt (Beta t_2 =-.09; Beta t_3 = -.14). Je ausgeprägter Unterhaltungsprogramme im Fernsehen bevorzugt werden, desto geringer wird der Anteil, den die Nutzung des Informationsangebots am gesamten Fernsehkonsum einnimmt. Dabei spielt die Verfügbarkeit des Kabelfernsehens keine Rolle.[3] Damit bestätigt sich der Befund, zu dem wir an anderer Stelle auf der Grundlage von Mittelwertvergleichen gekommen sind (Voltmer/Klingemann 1989). Auch hier zeigte sich, daß unabhängig von der Verfügbarkeit eines Kabelanschlusses die Bevorzugung von Unterhaltungssendungen die politische Informationsnachfrage negativ beeinflußt wird. Sucht man in explorativer Weise nach Befragten mit einer Merkmalskombination, bei denen sich tatsächlich in Verbindung mit der Nutzung der Kabelprogramme Veränderungen zeigen, dann ist dies nur bei einer sehr kleinen Gruppe (7 % der Befragten) der Fall.

Bei der Interpretation der hier vorgestellten Ergebnisse, die für die Gesamtheit der Befragten keinen Effekt des Kabelfernsehens nachweisen konnten, muß berücksichtigt werden, daß in den Index Nachrichtenanteil sowohl die Nutzung der Hauptnachrichtensendungen als auch die der Nachrichtenmagazine eingegangen ist, die sich jedoch in ihrem Informa-

---

3 Die Einführung eines interaktiven Effekts von Unterhaltungspräferenz und Kabelanschluß erbrachte kein signifikantes Ergebnis.

TABELLE 10-6: Erklärungsfaktoren der Nachrichtennutzung im Zeitverlauf, 1986 - 1988

ABHÄNGIGE VARIABLE: Nachrichtenanteil[a)]

Zeitpunkt	Analysegruppe	Nachrichtenanteil t_1	Nachrichtenanteil t_2	Alter	Schulbildung	Politisches Interesse t_2	Politisches Interesse t_3	Präferenz Unterhaltung t_2	Präferenz Unterhaltung t_3	Konst.	R^2 [b)]
t_2	.00	.44** (.67)								(13.48)	.19** (.44)
t_3	.03 (1.57)		.68** (.48)							(14.73)	.46** (.68)
t_2	-.08 (-5.09)	.22** (.28)		-.08 (-.15)	.24** (9.93)	-.02 (-.68)		-.08 (-2.54)		(26.23)	.19** (.43)
t_3	.02 (.95)		.37** (.26)	-.08 (-.12)	.14** (4.00)		.04 (.79)		-.15** (-3.25)	(25.69)	.26** (.51)

a) Zelleneingänge: standardisierte Regressionskoeffizienten;
in Klammern unstandardisierte Regressionskoeffizienten
Signifikanzniveau: ** = <0.01 * = <0.05
Ausschluß fehlender Werte: listwise

b) In Klammern: Multiples R

tionsgehalt unterscheiden. Während die ersteren einen Überblick über die wichtigsten Ereignisse des Tages geben, vermitteln die anderen darüber hinaus auch Hintergrundinformationen. Ein Effekt des Kabelfernsehens könnte möglicherweise darin bestehen, daß bei konkurrierendem (Unterhaltungs-)Angebot zwar am Ritual der 19- bzw. 20-Uhr-Nachrichten festgehalten wird, auf die Nutzung von Zusatz- und Kontextwissen jedoch verzichtet wird. Das in unserer Untersuchung verwendete Frageninstrument erlaubt die Überprüfung dieser Hypothese nicht. Andere Untersuchungen, die sich auf telemetrische Messungen stützen können, weisen aber in diese Richtung (Dehm/Klingler 1985).

Im vorangehenden konnte gezeigt werden, daß eine auf die Einführung des Kabelfernsehens zurückführbare Verdrängung der politischen Programmnutzung zugunsten von Unterhaltungsangeboten während des Untersuchungszeitraums nur marginal gefunden werden konnte. Es sollte nicht übersehen werden, daß politisches Verhalten sozial strukturiert ist und deswegen von der Veränderung eines einzelnen Elements des Mediensystems nur geringfügig beeinflußbar sein dürfte. Politische Informiertheit ist als normative Erwartung, wenn auch mit unterschiedlicher Ausprägung, sozial verankert, da sie Teil des Rollenverständnisses geworden ist, die das Verhalten des Einzelnen als Staatsbürger definiert. Ferner erfolgt die politische Meinungsbildung nicht in isolierter "Zwiesprache" zwischen Medium und Individuum, sondern vermittelt in sozialen Kontexten und interpersonaler Kommunikation (Schenk 1983).

Bei einer Veränderung der Nutzungsgewohnheiten, insbesondere der Nutzung politischer Information, bleibt zunächst offen, inwieweit die Möglichkeit der Stabilisierung und Ausbreitung dieses Verhalten über begrenzte Subpopulationen hinaus besteht. Offen bleibt aber auch, ob in dem Befund nicht lediglich eine Umstrukturierung des Musters der Mediennutzung zum Ausdruck kommt, wonach das Fernsehen als besonders geeignet zur Befriedigung der Unterhaltungsbedürfnisse angesehen wird, während politische Informationen verstärkt aus anderen Medien bezogen werden.

Wirft man einen kurzen Blick auf die Programmgestaltung der beiden reichweitenstärksten Privatanbieter SAT1 und RTL plus, so scheint sich ein gewisser Grenznutzen von Unterhaltung abzuzeichnen. Beide Sender haben mit Stern-TV und Spiegel-TV politische Magazine in ihr Programmangebot aufgenommen, allerdings erst nach Ablauf des hier berichteten Untersuchungszeitraums. Es bleibt abzuwarten, ob die Programmstruktur hier in Zukunft stärker als bisher informative Elemente enthalten wird, um auch informationsorientierte Zuschauer anzusprechen.

Auch wenn die bisher gefundenen Ergebnisse zunächst vernachlässigenswert erscheinen, meinen wir, daß eine weitere längerfristige Beobachtung der Entwicklung notwendig ist, da eine Veränderung der Rezeption politischer Information weitreichende Implikationen hätte. Der Grund ist, daß in dem Maße, wie sozialstrukturell definierte Lebenslagen an Prägekraft verlieren, politische Einstellungen und politisches Verhalten zunehmend situations- und informationsabhängig werden.

Schlußbetrachtung

Mit der Einführung des Kabelfernsehens und der damit einhergehenden Expansion des Programmangebots sowie der Kommerzialisierung von Programminhalten hat die alltägliche Medienumwelt, wie sie von den Individuen erlebt und genutzt wird, strukturelle Veränderungen erfahren. Veränderungen im System der Massenkommunikation lösen regelmäßig heftige Diskussionen über Schaden und Nutzen der Medien aus, wobei sich Fortschrittsgläubige und Kulturpessimisten mit ihren Argumenten gegenüberstehen.

Betrachtet man die Ergebnisse, die die Begleitforschung in den Kabelpilotprojekten erbracht haben, insgesamt, wird deutlich, daß die bei Einführung des Kabelfernsehens von Befürwortern und Gegnern geäußerten Annahmen und Prognosen in zweifacher Hinsicht zu kurz griffen:

- Bei der Beurteilung der erwarteten Folgen wurde nicht zwischen kurzfristigen und langfristigen Effekten unterschieden.
- Die Annahmen wurden zu stark verallgemeinert und vorschnell auf die Gesamtheit der Rezipienten bezogen.

Die Wirklichkeit, soweit sie sich empirischer Forschung erschließt, ist aber wie so oft differenzierter:

- Einige der prognostizierten Effekte konnten zwar beobachtet werden, verschwanden aber bei den Wiederholungsbefragungen wieder. Hinzu kommt, daß individuelle Einstellungen und Verhaltensweisen weit weniger stabil sind als gemeinhin angenommen wird, während sich auf der Aggregatebene ein hohes Maß an Stabilität darstellt. Paneluntersuchungen wie die hier durchgeführte weisen auf dieses Phänomen der Gleichzeitigkeit von individueller Fluktuation und struktureller Stabilität hin.
- Betrachtet man die Gesamtheit der Befragten, müßte man die Begleitforschung im großen und ganzen mit einem Null-Ergebnis abschließen. Differenziert man jedoch die Befragten, stellt sich häufig das Ergebnis eines "Nein, aber ..." dar, d.h. daß sich insgesamt zwar weder positive noch negative Auswirkungen des Kabelfernsehens feststellen lassen, in begrenzten Teilgruppem mit bestimmten Merkmalskombinationen aber Veränderungen im Zusammenhang mit der Nutzung des Kabelfernsehens beobachtet werden können, die sich auch über die Dauer des Untersuchungszeitraums erhalten (vgl. Hasebrink 1989 zusammenfassend für die bundesdeutschen Pilotprojekte; ferner Becker/Schoenbach 1989,

die prinzipiell ähnliche Ergebnisse nicht nur für die Bundesrepublik, sondern zehn weitere Länder finden).

Im folgenden wollen wir die Pro- und Kontraargumente, wie sie vor der Einführung des Kabelfernsehens in der Öffentlichkeit geäußert worden waren, noch einmal kurz aufgreifen und mit den wichtigsten Ergebnissen unserer Erhebung konfrontieren.

Etwa zehn Jahre vor Einführung des Kabelfernsehens konnte die Kommission für den Ausbau des technischen Kommunikationssystems (KtK) keinerlei Bedarf für eine Breitbandverkabelung ausmachen. Als dann aber die neuen Anbieter den Sendebetrieb aufnahmen, war von Anfang an die Akzeptanz sehr hoch. Sie lag in der Berliner Bevölkerung ein halbes Jahr nach Start des Pilotprojekts bei 43 Prozent und stieg während der nächsten zwei Jahre auf 62 Prozent an. Das neue Angebot mußte also nicht erst entsprechende Bedürfnisse wecken, um auf eine entsprechende Zustimmung rechnen zu können.

Kritiker des Kabelfernsehens gehen im allgemeinen von einer Verführbarkeit der Menschen aus, zumal wenn kapitalkräftige Medienkonzerne mit leichter Unterhaltung und Ablenkung locken. Befürworter beziehen sich meist auf den ordnungspolitischen Rahmen des Mediensystems. Ihrer Ansicht nach bietet die Öffnung für ökonomischen Wettbewerb die beste Voraussetzung für eine Orientierung an den Bedürfnissen der Rezipienten und eine größere Angebotsvielfalt. Unsere Umfrageergebnisse zeigen, daß die hohe Zustimmung gegenüber dem Kabelfernsehen durchaus nicht mit unkritischer Begeisterung gleichzusetzen ist. Bei einer Differenzierung verschiedener Bewertungskriterien wird vor allem die größere Auswahlmöglichkeit positiv beurteilt. Gleichzeitig äußerten die Befragten aber auch deutliche Skepsis, ob ein Mehr an Programmen auch mit einer Verbesserung des Angebots einhergeht. Vielfalt und strukturelle Pluralität sind offenbar Werte, die auch im Hinblick auf das System der Massenkommunikation eine breite Unterstützung in der Bevölkerung finden. Die Bürger wissen dabei aber sehr wohl zwischen Quantität und Qualität zu unterscheiden.

Die privaten Fernsehsender setzen, abgesehen von einigen Spartenprogrammen, bei ihrer Programmplanung vor allem auf Unterhaltung. Entsprechend überrascht es nicht, daß die Akzeptanz des Kabelfernsehens bei Befragten mit einer Präferenz für Unterhaltungsprogramme und überdurchschnittlicher Fernsehnutzungszeit besonders hoch ist. Die Frage ist jedoch, ob eine solche Kongruenz von Angebots- und Bedürfnisstruktur auch zu einer Verhaltensveränderung führt.

Eine Veränderung des Fernsehnutzungsverhaltens würde vor allem eine Ausweitung des Fernsehkonsums bedeuten. Da die verfügbaren Ressourcen zur Mediennutzung wie Zeit, Aufmerksamkeit und Geld begrenzt sind, müßten diese zulasten anderer Alternativen neu verteilt werden. Befürchtet wurde z.B. eine Verarmung der Freizeitgestaltung, ferner eine ausschließliche Zuwendung zur jederzeit angebotenen Unterhaltung bei gleichzeitiger Vermeidung politisch informierender Angebote. Daneben kann es aber auch, so die Prognosen, zu einer Veränderung der Interaktionsformen im sozialen Kontext, insbesondere der Familie kommen.

Da wir in unserer Studie ausschließlich mit Informationen aus Bevölkerungsumfragen arbeiten, können wir nicht mit der Exaktheit, wie es durch telemetrische Messungen möglich ist, Angaben zu einer möglichen Ausweitung des Fernsehkonsums machen. Die dort gefundene höhere Nutzungszeit in Kabelhaushalten (siehe die in den Media Perspektiven wiedergegebenen fortlaufenden Messungen) ist zu gering, als daß sie durch Selbsteinstufung der Befragten in vorgegebenen Antwortkategorien erfaßbar wären. Statt dessen können wir jedoch durch multivariate statistische Analysemethoden (multiple Regression) zeigen, durch welche Bedingungsfaktoren die Fernsehdauer bestimmt wird. Hier zeigt sich, daß das Kabelfernsehen keinen eigenen signifikanten Einfluß auf einen hohen Fernsehkonsum ausübt, wohl aber eine niedrige formale Schulbildung und eine Präferenz für Unterhaltungssendungen.

Bei der Analyse der Ursachen der Fernsehdauer ist eine auf die Gesamtheit der Bevölkerung bezogene Betrachtungsweise aber nur bedingt aussagekräftig. Wir haben deswegen die individuelle Lebenssituation der Befragten in die Analyse einbezogen, wobei die Kriterien der Isolation, der disponiblen Zeit und der Umfang der Handlungsalternativen zugrunde gelegt wurden.

Die Vorstellung der einsamen Rentnerin, die unter Isolation leidet, nahezu unbegrenzt Zeit zur Verfügung hat und andere Tätigkeiten nur mit hohem physischen und psychischen Aufwand unternehmen kann und die deswegen bei einem Anschluß an das Kabelnetz ihre Zeit nur noch mit Fernsehen verbringt, ließ sich dabei nicht bestätigen. Zwar verbringen Rentner im Vergleich zu anderen Bevölkerungsgruppen mehr Zeit mit Fernsehen, die Fernsehzeit erhöht sich bei einer Verfügbarkeit des Kabelfernsehens jedoch nicht.

Statt dessen findet sich ein signifikant höherer Fernsehkonsum überraschenderweise bei Berufstätigen, die allein leben oder in Familien mit Kindern. Daraus kann die Schlußfolgerung gezogen werden, daß hohe Alltagsanforderungen und Streß das Fernsehen zu einer leicht zugänglichen

Freizeitbeschäftigung machen, die bei einem erweiterten Angebot auch entsprechend mehr genutzt wird.

Bei einer Analyse verschiedener Freizeitformen haben wir dieselben Konstellationen der individuellen Lebenssituation zugrunde gelegt. Während sich die Fernsehdauer auf manifeste Verhaltensmuster bezieht, haben wir hier einen "weicheren" Indikator verwendet und danach gefragt, auf welche Freizeitbeschäftigungen die Befragten zugunsten einer "Lieblingssendung" verzichten würden. Eine solche Verzichtbereitschaft verweist auf individuelle Prioritätensetzungen und kann möglicherweise auf sich abzeichnende tatsächliche Verhaltensänderungen hindeuten.

Auch hier gelten alleinstehende Rentner als "Problemgruppe", die infolge einer mit einem größeren Angebot einhergehenden zunehmenden Bindung an das Fernsehen mehr und mehr die Kontakte zur Umwelt aufgeben. Unsere Ergebnisse bestätigten zunächst solche Tendenzen. Allerdings verschwindet dieser Effekt im Verlauf der Studie wieder, so daß es sich wahrscheinlich, wie eingangs problematisiert, lediglich um eine kurzfristige Auswirkung der Verkabelung handelt.

Interessant ist, daß auch hinsichtlich der Bereitschaft, auf alternative Tätigkeiten zugunsten des Fernsehens zu verzichten, wiederum die Berufstätigen mit Kindern in den Blick fallen. Bei dieser Befragtengruppe zeigt sich innerhalb der beobachteten zwei Jahre eine stabile, zum Teil sogar zunehmende Neigung, auf auswärtige Unternehmungen, sowohl geselliger als auch kultureller Art, zu verzichten. Hier wäre wiederum auf die diese Lebenskonstellation kennzeichnende besondere Belastungssituation infolge multipler Rollenverpflichtungen zu verweisen.

Während auswärtige Aktivitäten bei bestimmten Gruppen zur Disposition stehen können, fällt auf, daß sich hinsichtlich eher reflexiver, auf die Privatsphäre bezogener Tätigkeiten, wie Spazierengehen oder Bücher lesen, keinerlei Muster findet, das auf eine zunehmende Verzichtbereitschaft hinweist. Eher ist, wenn auch nicht mit ausreichender statistischer Eindeutigkeit zu erhärten, das Gegenteil der Fall. Bei der Propagierung einer "Freizeitgesellschaft", in der jeder dem neuesten Trend hinterherjagt und dabei die Fähigkeit zu Alleinsein und Reflexion verliert, ist also Vorsicht geboten, denn gerade diese Freizeitbeschäftigungen erweisen sich als besonders resistent gegenüber neuen, konkurrierenden Angeboten.

Um die Auswirkungen des Kabelfernsehens auf das familiäre Zusammenleben und auf Jugendliche zwischen 12 und 18 Jahren untersuchen zu können, wurde die Ausgangsstichprobe entsprechend erweitert, so daß 314 Eltern-Kind-Paare befragt werden konnten. Hierbei handelt es sich um

Jugendliche und einen Elternteil aus derselben Familie, deren Aussagen in der Auswertung aufeinander bezogen werden können.

Die Jugendlichen der in unsere Untersuchung aufgenommenen Altersgruppen machen wichtige Entwicklungsphasen durch. Sie orientieren sich zunehmend außerhalb des familiären Kontextes, Gleichaltrige gewinnen für die eigene Lebensgestaltung an Bedeutung. Entsprechend nimmt der Fernsehkonsum der Jugendlichen etwa ab dem 15. Lebensjahr deutlich ab; dies um so mehr, je mehr sie in soziale Bezüge mit Gleichaltrigen eingebunden sind und sich dort anerkannt fühlen.

Ein besonderer Schwerpunkt unseres Interesses lag auf möglichen Veränderungen des Familienklimas infolge der Einführung des Kabelfernsehens, so wie es von Eltern und Kindern eingeschätzt wird. Wir konnten keinen direkten, während des Untersuchungszeitraums konsistenten Effekt des Kabelfernsehens finden. Allerdings lassen sich Zusammenhänge zwischen dem Familienklima und der Fernsehhäufigkeit feststellen, die sich jedoch differenzierter darstellen als die landläufigen Erwartungen. So schätzen Vielseher den allgemeinen Familienzusammenhalt höher ein als Wenigseher, während sie gleichzeitig häufiger über situative Gereiztheiten berichten. Dies sollte als Hinweis darauf gelten, daß die häufig zumindest implizit geäußerte Einschätzung des Fernsehens als im Hinblick auf soziale Beziehungen generell schädlich, nicht haltbar ist. Fernsehen ist in den meisten Familien eine gemeinsame Beschäftigung, die zumindest Anlaß für Zusammensein ist, aber darüber hinaus geteilte Erfahrungen und Gegenstand für Gespräche bereitstellt. Daß es dabei auch zu Konflikten kommt, z.B. über die Programmauswahl, erscheint eher normal, wenn man nicht von einer idealistischen Harmonievorstellung ausgeht.

Um Anhaltspunkte für mögliche politisch relevante Auswirkungen eines erweiterten, kommerziellen Fernsehprogramms zu finden, sind wir der Frage nachgegangen, ob Veränderungen bei der Nutzung politischer Informationsangebote nachzuweisen sind. Auch hier findet sich ein ähnliches Muster wie es sich auch für andere Fragestellungen dieser Studie zeigte: Es läßt sich kein auf das Kabelfernsehen beziehbarer direkter Effekt nachweisen. Es zeigt sich allerdings wiederum die Bedeutung einer Präferenz für Unterhaltungsprogramme. Bei einer kleinen Gruppe der Befragten (7 Prozent) führt die Verfügbarkeit des Kabelfernsehens in Verbindung mit Unterhaltungsorientierung zu einer Abnahme der Nachrichtennutzung. Für die überwiegende Mehrheit der Bürger ist die regelmäßige Nutzung der politischen Nachrichten jedoch Teil der Alltagsroutine, die von konkurrierenden Angeboten kaum durchbrochen werden kann. Die

Zuwendung zu politischer Information beruht unter anderem auf der individuellen Motivationslage, die durch die Frage nach dem politischen Interesse gemessen werden kann. In den letzten Jahrzehnten ist dieses politische Interesse in der bundesdeutschen Bevölkerung kontinuierlich angestiegen, wozu das Fernsehen und die durch dieses Medium leicht zugängliche Informationsmöglichkeit seinen Teil beigetragen haben dürfte (Noelle-Neumann/Piel 1983). In unserer Umfrage gaben 50 Prozent der Befragten an, "sehr stark" oder "stark" an Politik interessiert zu sein. Politische Informiertheit wird aber auch in hohem Maße durch den sozialen Kontext bestärkt. Die Verankerung von Politik in der Alltagskommunikation mit Familienangehörigen, Freunden oder Arbeitskollegen ist als wichtige Barriere gegen den Rückzug von der kognitiven Teilhabe am politischen Geschehen anzusehen.

Abschließend möchten wir auf zwei Aspekte verweisen, die unserer Ansicht nach Gegenstand künftiger Forschungsvorhaben sein sollten:

- Die Ergebnisse unserer Studie haben gezeigt, daß die individuelle Unterhaltungsorientierung ein bedeutsamer Einflußfaktor, insbesondere im Hinblick auf politische Einstellungen und Verhaltensweisen ist. Medienforscher, die sich mit politischen Medienwirkungen beschäftigen, haben bisher hauptsächlich politische Medieninhalte in ihre Analysen einbezogen. Dies scheint aber eine Verengung der Erklärungsmöglichkeiten zu sein, so daß der Aufforderung Holtz-Bachas (1989), Unterhaltung und ihre politischen Implikationen ernst zu nehmen, nur zuzustimmen ist.
- Des weiteren sollten die Geringfügigkeit der Effekte, die in dieser Studie auf das Kabelfernsehen zurückgeführt werden können, nicht dazu veranlassen, dieses Thema ad acta zu legen. Wir konnten aufgrund unserer auf einen Beobachtungszeitraum von zwei Jahren angelegten Untersuchung zeigen, daß eine unterhaltungsorientierte Kongruenz von Programmangebot und Rezipientenbedürfnissen nur in kleinen Teilgruppen zu empirisch beobachtbaren Veränderungen führt. Die Frage nach langfristigen Auswirkungen bleibt damit aber offen. Verschiedene Formen der Medienwirkungen manifestieren sich jedoch nur in weiter gefaßten Zeiträumen (Kepplinger 1986) und können durch einmalige Querschnittsuntersuchungen oder mittelfristig angelegte Panelstudien nur ansatzweise erfaßt werden. Dazu gehört z.B. die Kumulation minimaler Wirkungen. Auch über die Dynamik von Wechselwirkungen zwischen verschiedenen Faktoren, die durch das Kabelfernsehen begünstigt werden können, lassen sich hier nur erste Aussagen machen.

Tabellenverzeichnis

Schaubild 1:	Stichprobendesign	23
Tabelle 4-1:	Zufallsgesteuerte Personenstichprobe in Berlin (West): Vorgegebener Auswahlsatz und aus dem Einwohnermelderegister gezogene Personenadressen	25
Tabelle 4-2:	Bevölkerungsstichprobe der nichtverkabelten Wohngebiete: Streichung der verkabelten Personen	26
Tabelle 4-3:	Stichprobe der Grundstücke mit Kabelübergabepunkt: Zahl der angeschlossenen Wohneinheiten (Haushalte)	28
Tabelle 4-4a:	Ausschöpfung der Bruttostichprobe 1986	31
Tabelle 4-5a:	Bevölkerungsmerkmale: Stichprobe 1986 und Amtliche Statistik (Volkszählung 1987)	34
Tabelle 4-4b:	Ausschöpfung der Familienstichprobe (Kinderbefragung)	36
Tabelle 4-5b:	Merkmale der Familienstichprobe: Kinderinterviews nach Geschlecht, Alter und Schulbesuch	37
Tabelle 4-6:	Panelverlauf: Durchgeführte Interviews und Ausfälle	39
Tabelle 4-7a:	Panelmortalität der Repräsentativstichprobe: Soziodemographische Merkmale	41
Tabelle 4-7b:	Panelmortalität der Familienstichprobe nach Geschlecht, Alter und Schulbesuch der befragten Kinder und Mortalität der Eltern-Kind-Dyaden	43
Tabelle 5-1:	Analysegruppen und Stichprobengebiete, 1986	49
Tabelle 5-2:	Analysegruppen des Gesamtpanels	50
Tabelle 6-1:	Akzeptanz des Kabelfernsehens, 1986	54

Tabelle 6-2:	Akzeptanz des Kabelfernsehens, Konstanz und Veränderung, 1986/1988	56
Tabelle 6-3:	Bedingungsfaktoren der Akzeptanz, 1986	57
Tabelle 6-4:	Erklärungsfaktoren der Akzeptanz, 1986	61
Tabelle 6-5:	Erklärungsfaktoren der Akzeptanz im Zeitverlauf, 1986 - 1988	62
Tabelle 6-6:	Bewertung des Kabelfernsehens, 1986/1988	65
Tabelle 6-7:	Dimensionen der Bewertung des Kabelfernsehens, 1986	66
Tabelle 6-8:	Dimensionen der Programmpräferenzen, 1986	69
Tabelle 6-9:	Erklärungsfaktoren der Bewertung des Kabelfernsehens, 1986	70
Tabelle 6-10:	Erklärungsfaktoren der Bewertung des Kabelfernsehens im Zeitverlauf, 1986 - 1988	
	1. Programmvielfalt	71
	2. Kosten	72
Tabelle 7-1:	Fernsehdauer in Stunden, 1986, 1987, 1988	76
Tabelle 7-2:	Erklärungsfaktoren der Fernsehdauer im Zeitverlauf, 1986 - 1988	78
Tabelle 7-3:	Fernsehnutzung und Lebenssituation, 1986, 1987, 1988	81-83
Tabelle 7-4:	Dimensionen des Fernsehnutzungsstils, 1986	86
Tabelle 7-5:	Soziodemographische Merkmale, Programmpräferenzen und Fernsehnutzungsstile, 1986	88
Tabelle 7-6:	Erklärungsfaktoren des Fernsehnutzungsstils im Zeitverlauf, 1986 - 1988	
	1. Konfliktorischer Nutzungsstil	89
	2. Kompensatorischer Nutzungsstil	90
	3. Peripherer Nutzungsstil	91
	4. Sozialer Nutzungsstil	92

Tabelle 8-1:	Verzicht auf Freizeitaktivitäten zugunsten einer Lieblingssendung, 1986/1988	97
Tabelle 8-2:	Dimensionen des Verzichts zugunsten einer Lieblingssendung, 1986	99
Tabelle 8-3:	Lebenssituation und Verzicht zugunsten einer Lieblingssendung, 1986, 1987, 1988	
	1. Verzicht: Auswärts, gesellig	100
	2. Verzicht: Auswärts, kulturell	101
	3. Verzicht: Allein, reflexiv	102
Tabelle 9-1:	Durchschnittliche Fernsehdauer von von Jugendlichen nach Alter	108
Tabelle 9-2:	Beziehungen zwischen Fernsehkonsum der Kinder und sozialer Schicht	110
Tabelle 9-3:	Fragen an Mehrpersonenhaushalte zum Familienklima	115
Tabelle 9-4:	Verkabelung 1986 und 1987 in Mehrpersonenhaushalten	118
Tabelle 9-5:	Zusammenhang zwischen Fernsehhäufigkeit und gereiztem Familienklima, 1986	120
Tabelle 9-6:	Veränderungen in den Familienklimavariablen "Gleiche Interessen", "Verschiedene Ansicht" und "Gereizte Stimmung" in einer Test- und Kontrollgruppe zwischen 1986 und 1987	122
Tabelle 10-1:	Nachrichtennutzung und Verkabelung, 1986	128
Tabelle 10-2:	Häufigkeit der Nachrichtennutzung und allgemeine Fernsehdauer, 1986	130
Tabelle 10-3:	Korrelate der Nachrichtennutzung, 1986	132
Tabelle 10-4:	Nachrichtenanteil und soziodemographische Merkmale, Motivation, politische Einstellungen, Medienumwelt, 1986	134-135
Tabelle 10-5:	Erklärungsfaktoren der Nachrichtennutzung, 1986	138
Tabelle 10-6:	Erklärungsfaktoren der Nachrichtennutzung im Zeitverlauf, 1986 - 1988	140

LITERATURVERZEICHNIS

ALLERBECK, Klaus/HOAG, Wendy: Jugend ohne Zukunft, München 1985.

BARTSCH, Olaf: Rundfunkaufsicht für private Hörfunk- und Fernsehanbieter am Beispiel der Berliner Anstalt für Kabelkommunikation. Diplomarbeit am Fachbereich Politische Wissenschaften der Freien Universität Berlin 1991 (unveröffentlicht).

BECKER, Lee B./SCHOENBACH, Klaus (Hrsg.): Audience Responses to Media Diversification. Coping With Plenty, Hillsdale 1989.

BERG, Klaus/KIEFER, Marie-Luise (Hrsg.): Massenkommunikation III. Eine Langzeitstudie zur Mediennutzung und Medienbewertung 1964 - 1985, Frankfurt/M. 1987.

BONFADELLI, Heinz/DARKOW, Michael u.a.: Jugend und Medien. Eine Studie der ARD/ZDF-Medienkommission und der Bertelsmann Stiftung, Frankfurt/Main 1986.

BONFADELLI, Heinz: Die Sozialisationsperspektive in der Massenkommunikationsforschung. Neue Ansätze, Methoden und Resultate zur Stellung der Massenmedien im Leben der Kinder und Jugendlichen, Berlin 1981.

BONFADELLI, Heinz: Die Wissenskluftforschung, in: Schenk, Michael: Medienwirkungsforschung, Tübingen 1987, S. 305-323.

BREITKOPF, Klaus/SCHIWY, Peter/SCHNEIDER, Beate: Kabelrundfunk, Kabelfernsehen und Satellitenrundfunk, Satellitenfernsehen. Praktisches Handbuch für alle Neuen Medien und Kommunikationstechniken, Percha 1989.

BUSS, Michael: Die Vielseher. Fernseh-Zuschauerforschung in Deutschland: Theorie - Praxis - Ergebnisse. Schriftenreihe Media Perspektiven. Frankfurt/Main 1985.

CONOVER, Pamela/FELDMAN, Stanley: The Origins and Meaning of Liberal/Conservative Self Identification, in: American Journal of Political Science, 25, 1981, S. 617-645.

CONVERSE, Philip E.: Attitudes and Non-attitudes: Continuation of a Dialogue, in: Edward R. Tufte (Hrsg.): The Quantitative Analysis of Social Problems, Reading 1970, S. 168-189.

COOK, Thomas D./CAMPBELL Donald T.: Quasi-Experimentation. Design and Analysis Issues for Field Settings, Boston usw. 1979.

DEHM, Ursula/KLINGLER, Walter: Programmvielfalt versus Programmnutzung. Ergebnisse einer Tagebuchuntersuchung im Kabelpilotprojekt Ludwigshafen-Vorderpfalz, in: Media Perspektiven, 6, 1985, S. 459-463.

FAULBAUM, Frank: Panelanalyse im Überblick, in: ZUMA-Nachrichten, Nr. 23, S. 26-44.

FOGT, Helmut: Politische Generationen, Opladen 1982.

FUCHS, Dieter/KLINGEMANN, Hans-Dieter: The Left-Right-Schema, in: Jennings, Kent M. et al.: Continuities in Political Action. A Longitudinal Study of Political Orientations in Three Western Democracies, Berlin/New York 1990, S. 275-312.

GRABER, Doris A.: Processing the News. How People Tame the Information Tide, New York/London 1984.

GROEBEL, Jo: Erlebnisse durch Medien. Reizsuche in der Realität und in der Fiktion, in: Kaase, Max/Schulz, Winfried (Hrsg.): Massenkommunikation. Theorien, Methoden, Befunde. Sonderheft 30 der Kölner Zeitschrift für Soziologie und Sozialpsychologie, Opladen 1989.

HASEBRINK, Uwe: Kabelfernsehen: Ergebnisse der Begleitforschung zu den Kabelpilotprojekten, in: Media Perspektiven 8/1989, S. 512-521.

HANSEN, Jochen: Das Panel. Zur Analyse von Verhaltens- und Einstellungswandel Opladen, 1982.

HARTMANN, Peter H.: Wie repräsentativ sind Bevölkerungsumfragen? Ein Vergleich des ALLBUS und des Mikrozensus, in: ZUMA-Nachrichten Nr. 26, Mai 1990.

HEISE, David R.: Separating Reliability and Stability in Test-Retest Correlation, in: American Political Science Review, 34, 1969, S. 93-101.

HELLSTERN, Gerd-Michael/HOFFMANN-RIEM, Wolfgang/REESE, Jürgen/ZIETHEN, Michael P.: Rundfunkaufsicht, Düsseldorf (Presse- und Informationsamt der Landesregierung Nordrhein-Westfalen) 1989.

HOLMAN, J./BRAITHWAITE, V.A.: Parental Lifestyles and Children's Television Viewing, in: Australian Journal of Psychologie, 34, 3, S. 375-382, 1983.

HOLTZ-BACHA, Christina: Unterhaltung ernst nehmen. Warum sich die Kommunikationswissenschaft um den Unterhaltungsjournalismus kümmern muß, in: Media Perspektiven, H.4, 1989, S. 200-206.

HURRELMANN, Bettina: Fernsehen in der Familie. Auswirkungen der Programmerweiterung auf den Mediengebrauch, Weinheim/ München 1989.

INGLEHART, Ronald: The Silent Revolution in Europe: Intergenerational Change in Post-Industrial Societies, in: American Political Science Review, 65, 1971, S. 991-1017.

KAASE, Max: Das Mikro-Makro-Puzzle der empirischen Sozialforschung. Anmerkungen zum Problem der Aggregatstabilität bei individueller Instabilität in Panelbefragungen, in: Kölner Zeitschrift für Soziologie und Sozialpsychologie, 38, 1986a, 1, S. 209-222.

KAASE, Max: Massenkommunikation und politischer Prozeß, in: Ders. (Hrsg.): Politische Wissenschaft und politische Ordnung. Analysen zu Theorie und Empirie demokratischer Regierungsweise, Opladen 1986b, S. 357-374.

KATZ, Elihu: The New Media and Social Segmentation. Lament for National Public Broadcasting in Europe. Paper, prepared for the Brussels Symposium "European Cinema and Television Year 1988", 1989.

KELLNER, Hella: I. Fernsehen als Sozialisationsfaktor, II. Visuelle Aufmerksamkeit und verbale Kommunikation unter dem Einfluß des Fernsehens. Ergebnisse zweier Grundlagenprojekte. ZDF Schriftenreihe, Heft 21, 1978, S. 20-29.

KEPPLINGER, Hans Mathias: Begriffe und Modelle langfristiger Medienwirkungen, in: Mahle, Walter A. (Hrsg.): Langfristige Medienwirkungen, Berlin 1986, S. 27-38.

KLINGEMANN, Hans-Dieter/VOLTMER, Katrin: Massenmedien als Brücke zur Welt der Politik. Nachrichtennutzung und politische Beteiligungsbereitschaft, in: Kaase, Max/Schulz, Winfried (Hrsg.): Massenkommunikation. Theorien, Methoden, Befunde: Sonderheft 30 der Kölner Zeitschrift für Soziologie und Sozialpsychologie, Opladen 1989.

KLINGEMANN, Hans-Dieter: The Background of Ideological Conceptualization, in: Barnes, Samuel H./Kaase, Max et al.: Political Action. Mass Participation in Five Western Democracies, Beverly Hills/London 1979, S. 255-277.

KRÜGER, Udo Michael: Qualitätsschere im Fernsehangebot. Ergebnisse eines Programmvergleichs zwischen ARD, ZDF, SAT1, RTL plus, 3SAT und Eins Plus, in: Media Perspektiven 9, 1987, S. 549-562.

LANDWEHRMANN, Friedrich/JÄCKEL, Michael: Kabelfernsehen - von der Skepsis zur Akzeptanz. Das erweiterte Programmangebot im Urteil der Zuschauer, München 1991.

LANGE, Bernd-Peter: Landesmedienanstalten und "Außenpluralismus" auf dem Prüfstand, in: Media Perspektiven 5, 1989, S. 268-276.

LUGER, Kurt: Medien im Jugendalltag. Wie gehen die Jugendlichen mit Medien um; was machen die Medien mit den Jugendlichen? Köln/Wien/Graz 1985.

MARKUS, Gregory B.: Analyzing Panel Data, Beverly Hills/London 1979.

MAST, Claudia: Innovationen im Mediensystem. Herausforderungen, Konsequenzen, Perspektiven, in: Aus Politik und Zeitgeschehen, Beilage zu Das Parlament, B27, 1987, S. 3-15.

McLUHAN, Marshall.: Understanding Media, New York 1964.

MEIER, Werner/BONFADELLI, Heinz: "Neue Medien" als Problem der Publizistikwissenschaft, in: Rundfunk und Fernsehen, 35, 1987, S. 169-184.

NOELLE-NEUMANN, Elisabeth.: Auswirkungen des Kabelfernsehens, Berlin/Offenbach 1985.

NOELLE-NEUMANN, Elisabeth/PIEL, Edgar (Hrsg.): Eine Generation später. Bundesrepublik Deutschland 1953 - 1979, München/New York/London/Paris 1983.

OSWALD, Hans/SÜSS, Klaus U.: German Teenagers' Time Distribution between Parents and Peers. Paper presented at the Third Biennial Meeting of the Society for Research on Adolescence. Atlanta, Georgia/USA 1990.

OSWALD, Hans: Intergenerative Beziehungen (Konflikte) in der Familie. In: Markefka, M./Nave-Herz, R.: Handbuch der Familien- und Jugendforschung, Bd. 2: Jugendforschung. Neuwied 1989, S.367-381.

PÄTZOLD, Ulrich: Kabelfernsehen: Chancen für Informationssendungen mit Profil? Akzeptanzmessungen im Dortmunder Pilotprojekt, in: Media Perspektiven 1, 1988, S. 1-12.

PFETSCH, Barbara: Folgen der Programmvermehrung? Zum Zusammenhang von Kabelfernsehen und Freizeitverhalten in Ludwigshafen/Vorderpfalz, in: Rundfunk und Fernsehen, 37, 1989/1, S. 96-111.

PLEWIS, Ian: Analyzing Change. Measurement and Explanation Using Longitudinal Data, Chichester etc. 1985.

POSTMANN, Neil: Wir amüsieren uns zu Tode. Urteilsbildung im Zeitalter der Unterhaltungsindustrie, Frankfurt/M. 1985.

RENCKSTORF, Karsten: Mediennutzung als soziales Handeln. Zur Entwicklung einer handlungstheoretischen Perspektive der empirischen (Massen-)Kommunikationsforschung, in: Kaase, Max/Schulz, Winfried (Hrsg.): Massenkommunikation. Theorien, Methoden, Befunde. Sonderheft 30 der Kölner Zeitschrift für Soziologie und Sozialpsychologie, Opladen 1989.

ROGERS, Everett M.: Diffusion of Innovations, New York (Free Press), 1962.

RONNEBERGER, Franz: Neue Medien - Vorteile und Risiken für die Struktur der demokratischen Gesellschaft und den Zusammenhalt der sozialen Gruppen. Eine Literaturstudie, Konstanz 1982.

ROSENGREN, Karl Erik/WENNER, Lawrence A./PALMGREEN, Philip (Hrsg.): Media Gratifications Research. Current Perspectives, Beverly Hills/London/New Delhi 1985.

SAXER, Ulrich/BONFADELLI, Heinz/HÄTTENSCHWILLER, Walter: Die Massenmedien im Leben der Kinder und Jugendlichen. Eine Studie zur Mediensozialisation im Spannungsfeld von Familie, Schule und Kameraden, Zug 1980.

SCHATZ, Heribert/IMMER, Nikolaus/MARCINKOWSKI, Frank u.a.: Strukturen und Inhalte des Rundfunkprogramms der vier Kabelpilotprojekte. Begleitforschung des Landes Nordrhein-Westfalen zum Kabelpilotprojekt Dortmund, Band 23. Düsseldorf 1989.

SCHENK, Michael: Meinungsführer und Netzwerke persönlicher Kommunikation, in: Rundfunk und Fernsehen, 31. Jg., 1983/3-4, S. 426-336.

SCHNEEWIND, Klaus A./BECKMANN, Michael/ENGFER, Annette: Eltern und Kinder. Umwelteinflüsse auf das familiäre Verhalten, Stuttgart/Berlin/Köln 1983.

SCHNOOR, Detlef/ZIMMERMANN, Peter: Kinder und Medien. Ergebnisse einer Befragung von Dortmunder Grundschülern und ihren Eltern, Dortmund 1987.

STATISTISCHES LANDESAMT BERLIN (Hrsg.): Statistisches Jahrbuch 1988, Berlin 1988.

STOLTE, Dieter: Daten und Thesen zur Nutzung von Fernsehprogrammen, in: Media Perspektiven, 10, 1979, S. 681-687.

TICHENOR, Philip J./DONOHUE, George A./OLIEN, Clarice N.: Mass Media Flow and Differential Growth in Knowledge, in: Public Opinion Quarterly, 35, 1970, S. 159 ff.

TIEMANN, Friedrich/HEEGER, Heiko: Fernsehen und Freizeitgestaltung. Einschränkung oder Bereicherung durch Kabelfernsehen, Berlin 1990.

VAN DETH, Jan W.: Interest in Politics, in: Jennings, Kent M. et al.: Continuities in Political Action. A Longitudinal Study of Political Orientations in Three Western Democracies, Berlin/New York 1990, S. 275-312.

VOLTMER, Katrin/KLINGEMANN, Hans-Dieter: Gelegenheitsstruktur und individuelle Motivation. Führt das Kabelfernsehen zu einer Veränderung der Sehgewohnheiten? in: Schmidt, Claudia/Runge, Uwe (Hrsg.): Kabelfernsehen und soziale Beziehungen, Berlin 1989, S. 71-91.

VOLTMER, Katrin: Politisches Denken in der Informationsgesellschaft. Zum Zusammenhang von Fernsehnutzung und Einstellungskonsistenz, in: Schulz, Winfried (Hrsg.): Medienwirkungen. Einflüsse von Presse, Radio und Fernsehen auf Individuum und Gesellschaft, Weinheim 1992, S. 247-267.

WILEY, David E./WILEY, James A.: The Estimation of Measurement Error in Panel Data, in: American Sociological Review, 35, 1970, S. 112-117.

GPSR Compliance

The European Union's (EU) General Product Safety Regulation (GPSR) is a set of rules that requires consumer products to be safe and our obligations to ensure this.

If you have any concerns about our products, you can contact us on ProductSafety@springernature.com

In case Publisher is established outside the EU, the EU authorized representative is:

Springer Nature Customer Service Center GmbH
Europaplatz 3
69115 Heidelberg, Germany

Zeitfracht Medien GmbH
Ferdinand-Jühlke-Straße 7
99095 Erfurt, Deutschland
produktsicherheit@kolibri360.de